江湖之远

——从诗画中回望江南山水

张蕾 著

中国建筑工业出版社

图书在版编目（CIP）数据

江湖之远：从诗画中回望江南山水 / 张蕾著．
北京：中国建筑工业出版社，2024.12. -- ISBN 978-7-112-30640-4

Ⅰ. TU986.625

中国国家版本馆CIP数据核字第2024HS8687号

责任编辑：焦　扬　徐　冉
责任校对：赵　力

江湖之远——从诗画中回望江南山水
张　蕾　著

*

中国建筑工业出版社出版、发行（北京海淀三里河路9号）
各地新华书店、建筑书店经销
华之逸品书装设计制版
北京中科印刷有限公司印刷

*

开本：880毫米×1230毫米　1/32　印张：8⅛　字数：208千字
2024年12月第一版　2024年12月第一次印刷
定价：**68.00**元

ISBN 978-7-112-30640-4
（44079）

前言

当“山水”一词从六朝开始合用时，它指代的不再是纯粹自然的山与水，而是在强调具有审美价值的山与水，其间的游历与隐逸都充斥着人们对山水之美的向往。“山水”一词是古人将物质实体与意识形态糅合的产物，是自然山水与文化活动在长久的时间与变迁的世事中不断融合的史志。记载这部“史志”的抽象语言是“诗赋书画”中的文字性描写，具象语言是“山与水的物质性存在”，前者是山水的“质”——内在的文化史，后者是山水的“文”——外在的空间史。本书基于这种“文”与“质”的辩证关系，从诗赋书画中回望江南山水，以期裁剪出集文化史与空间史于一身的、文质彬彬的江南山水的一道历史剪影。

中华大地幅员辽阔，孕育出了多元互补与多源同归的地域文化，江南文化是其中的一个典范。作为江南地域文化的重要载体，江南山水承载的文化内涵具有深厚的历时性及鲜明的地域性。本书从探讨江南山水的总体特征入手，剖析江南山水的地理区位，山水物质层面的特质及人文层面的意象；之后以空间为经，以时间为纬，选取江南最具代表性的七处山水作为切片进行详细阐述；最后，揭示江南山水演变历程中不断层积的人文价值、艺术价值与历史价值。

周王朝的乡遂制度初步确立了“城乡二元的社会结构”。周王室的领地划分为“国”和“野”，其间以“郊”为界；封国领地的都城则称为“都”，城外（郊外）称为“鄙”。从此城乡二元结构成为我国古代社会的基本结构，也是本书的“经线”逻辑空间。七个山水空间切片从“城乡二元”视角出发，分别选取江南“城郊山水空间”与“乡野山水空间”的典范，前者为姑苏山水、兰亭山水、建业山水与西湖山水，后者为鉴湖山水、始宁山水与剡中山水，它们承载着江南山水的空间特质与文化内涵。

先秦至汉、六朝及隋唐是本书时间纬线上的重要节点。秦汉时，江南发展相对落后，地远人野，被称为“百越”，与北方游牧民族并称为“北胡南越”。此时是江南山水文化特质初步形成时期。六朝的南北大分裂导致了中华历史上第一次民族大迁移，中原先进的文化随中原人口的大量南迁强烈冲击了江南，江南山水的文化内涵也因之迅速充盈，江南山水进入快速成长期，江南的山水艺术甚至反超了因战乱而发展停滞的中原。隋唐一统后，江南的山水文化随着南北士人的交流而传播，并深刻影响了中原地区，助力中原地区的山水文化在经历了北朝的停滞后迅速复兴，江南山水也在反哺中原的过程中继续成长，步入了成熟期。本书的七个切片分别取自上述三个时间维度节点，姑苏山水与鉴湖山水滥觞于先秦至汉，始宁山水、兰亭山水与建业山水发轫于六朝，西湖山水与剡中山水勃兴于隋唐，它们的发展史蕴含着江南山水演变的内在脉络与逻辑。

七个江南山水空间的切片所蕴含的空间维度的地域文化特征与时间维度的历史演变逻辑，揭示了江南山水之于山水文学、山水画与山水园林的意义，明确了江南山水的历史、艺术与文化价值。

目录

引言

——江湖与城阙，异迹且殊伦

（一）江南

唐开元十年（722年），道教上清派宗师司马承祯向唐明皇李隆基辞行，意欲回转江南天台山。司马承祯是在前一年（721年）被李隆基从江南请至东都洛阳的。李隆基未能留住去意已决的司马承祯，接受了他的请辞并写下一首赠别诗。

紫府求贤士，清溪祖逸人。
江湖与城阙，异迹且殊伦。
间有幽栖者，居然厌俗尘。
林泉先得性，芝桂欲调神。
地道逾稽岭，天台接海滨。
音徽从此间，万古一芳春。

——[唐]李隆基，《王屋山送道士司马承祯还天台》

而这已不是李唐统治者不舍司马承祯的第一首送别作品了。

早在唐景云二年（711年），李隆基的父亲睿宗李旦也曾将司马承祯从江南邀请至京，李旦为了顺利请司马承祯出山，特意派遣其兄司马承祎专门去天台山相请，并亲自写了一封邀请函，言辞诚恳，态度虔诚。

> 皇帝敬问天台山司马炼师：惟彼天台，凌于地轴，与四明而蔽日，均八洞而藏云，珠阙玲珑，琪树璀璨，九芝含秀，八桂舒芳，赤城之域斯存，青溪之人攸处。司马炼师德超河上，道迈浮邱，高游碧落之庭，独步青元之境。朕初临宝位，久藉徽猷。虽尧帝披图，翘心啮缺，轩辕御历，缔想崆峒，缅维彼怀，宁妨此顾。夏景渐热，妙履清和，思听真言，用祛蒙蔽。朝钦夕伫，迹滞心飞，欲遣使者专迎，或遇炼师惊惧，故令兄往，愿与同来。披叙不遥，先此无恙。故敕。
>
> ——[唐]李旦,《赐天师司马承祯三敕》

司马承祯到京后，李旦厚礼相待，极力挽留他留居京师，入朝做官。司马承祯不仅拒绝了，还在三个月后请辞还山。临行之际，李旦赐宝琴与霞纹帔，又亲自写了一封情辞恳切的送别信。

> 先生道风独峻，真气孤标。餐霞赤城之表，驭风紫霄之上，遁俗无闷，逢时有待。暂谒蓬莱之府，将还桐柏之岩，鸿宝少留，凤装难驻。闲居三月，方味广成之言；别途万里，空怀子陵之意。然行藏异迹，聚散恒理，今之别也，亦何恨哉！白云悠悠，杳若

天际，去德方远，有劳夙心。敬遣代怀，指不多及。故敕。

——[唐]李旦，《赐天师司马承祯三敕》

父子二人的三篇诗文不仅表达了他们的不舍之情，还为后世传递了一个重要的信息：久居帝国政治中心的帝王是如何看待江南的。

李旦和李隆基感叹司马承祯此去江南便是“异迹且殊伦”，道出了江南在这两位帝王心中的总印象——迥异于中原。迥异之一在于“蔽日藏云”的山水，迷蒙缥缈，宛若仙境；迥异之二在于“江湖”，多江多湖多水泽；迥异之三在于“别途万里”的远，远到“杳若天际”。

自秦至唐，大一统的王朝都定都于中原，秦、汉、隋、唐四朝莫不如是。中原也便一直高居政治、经济与文化的绝对中心地位，中原地区的看法基本就代表着当时社会的主流看法。

江南，在秦汉典籍中，泛指长江以南、南岭以北的，包括今湖南、江西及湖北的长江以南地区；六朝时范围缩减，指长江中下游以南，以建康（今南京）为中心的地区；唐代进一步缩减为长江下游以南地区，即今苏南、浙北及安徽省东南部区域，这一区域也被当今学者认为是江南的核心区域，是江南文化最具代表性的区域，其外围北至淮河，南至南岭，则被认为是广义的江南。

汉人认为江南不仅地理距离遥远，地卑多泽，在气候、饮食、交通上与中原迥异，而且在经济、医疗、居住条件等方面都相对落后。

地广人稀，饭稻羹鱼……无积聚而多贫。

——[西汉]司马迁，《史记·货殖列传》

江南卑湿，丈夫早夭。

——[西汉]司马迁，《史记·货殖列传》

江南地广……以渔猎山伐为业。

——[东汉]班固，《汉书·地理志》

南方暑湿，近夏瘅热，暴露水居，蝮蛇蠚虫，疫疾多作。

——[东汉]班固，《汉书·严助传》

六朝时，北方人对江南卑湿、多江多湖的认知更为客观，虽仍然有“地湿瘴疠”的笼统印象，但也开始对江南地域山水的具体状况有所了解。

江左假息，僻居一隅。地多湿垫，攒育虫蚁，壃土瘴疠，蛙黾共穴，人鸟同群……浮于三江，棹于五湖。

——[北魏]杨衒之，《洛阳伽蓝记》

吴、越之国，三江环之……东南地卑，万流所凑，涛湖泛决，触地成川，枝津交渠。

——[北魏]郦道元，《水经注·沔水》

汉末到六朝的这段时间，北方的连年战火导致大批中原人避祸江南。他们不仅迅速发展了江南的经济与文化，同时也切身感受到了江南山水的美。正是在东晋的江南，山水本真的美终于被发现、欣赏与赞颂。

千岩竞秀，万壑争流，草木蒙笼其上，若云兴霞蔚。

——[东晋]顾长康，引自[南朝宋]刘义庆，《世说新语》

从山阴道上行，山川自相映发，使人应接不暇，若秋冬之际，尤难为怀。

——[东晋]王献之，引自[南朝宋]刘义庆，《世说新语》

隋代一统后，北迁的南朝世家与科举入京的江南士子将江南山水的美带至京畿，中原人对江南的印象变得更为全面——虽路途遥远但江湖秀丽。这种印象不仅在李旦、李隆基父子二人赠别司马承祯的文字中能够体现，在其他人赠别司马承祯的作品中也表露无遗。

蓬阁桃源两处分，人间海上不相闻。

——[唐]李峤，《送司马先生》

洛阳陌上多离别，蓬莱山下足波潮。

碧海桑田何处在，笙歌一听一遥遥。

——[唐]薛曜，《送道士入天台》

“蓬阁桃源”“人间海上”“碧海桑田”，字字都透露出唐人对江南山水美如仙境，却又过于遥远、宛若天上仙宫的想象与赞美。

事实上，司马承祯并非土生土长的江南人，反而出身于中原的官宦世家，曾祖、祖父及父亲历任北周、隋、唐三朝高官。但司马承祯少时便表现出了对于仕途的淡漠而致志学道，21岁入嵩山学习道术，此后游历名山，最终选择入天台山修道。[①]

江南山水在司马承祯心中几乎与仙境等同，他在《上清天地宫府图经》中明确提出了人间山水中即有仙境，并将人间山水与洞天仙府进行一对一的关联，构建出了一个山水仙境系统。在这个过程中，司马承祯表现出了对江南山水的明显偏爱，江南以东南一隅，占据了十大洞天的半数之多。

这，就是山水江南。不论是道教宗师司马承祯，还是俗世之中百官士人，甚至是人间帝王李唐皇室，山水江南都是他们心中的现世之蓬莱，人间之仙境。

（二）山水

人间山水与神话仙境终于在司马承祯手中建立起了一对一的关联，仙境就存在于人世间，从此，不管是与神仙沟通还是经修炼成仙都好像不再是完全虚无缥缈的事情了。

---

① 参见[五代]刘昫，《旧唐书·司马承祯传》。

完成“人间仙境”的构建，将仙境清旷虚无的特质与修身养性的功能“落实”到人间，成于司马承祯，但整个过程古人却走过了逾千年的时间。伏笔在上古神话中便已埋下。上古神话有三大要素：仙人、仙境与仙丹。仙人可以永生，仙境有珍禽异兽和灵芝仙草，仙丹可以使人百病全消，不老不死。这三个要素的中心观念被顾颉刚先生总结为“长生不老”和“自由自在”。

先秦时期，神话中的仙境离人间都非常遥远。

> 有大山名昆仑之丘……其下有弱水之渊环之，其外有炎火之山，投物辄燃。
>
> ——[战国]《山海经·大荒西经》
>
> 渤海之东不知几亿万里，有大壑焉，实惟无底之谷，其下无底，名曰归墟……其中有五山焉：一曰岱舆，二曰员峤，三曰方壶，四曰瀛洲，五曰蓬莱。
>
> ——[战国]列御寇，《列子·汤问》

如此虚幻到不可思议的仙境，却并非与人间毫无关联，这个关联就在于“山水”：所有仙境都是依托于山和水而铺就的，凡间有山，仙境也有山，凡间有水，仙境也有水，只不过是仙境的山与水更辽阔、更高远、更缥缈而已。

汉代开始，缥缈的仙境山水逐步“下落”，向人间靠拢。

> 西北至塞外，有西王母石室、仙海、盐池、北则

湟水所出，东至允吾入河。西有须抵池，有弱水、昆仑山祠。

——[东汉]班固，《汉书·地理志》

昆仑之丘，或上倍之，是谓凉风之山，登之不死；或上倍之，是谓悬圃，登之乃灵，能使风雨；或上倍之，乃维上天，登之乃神，是谓太帝之居。

——[西汉]刘安，《淮南子·地形训》

（蓬莱、方丈、瀛洲）此三神山者，其傅在勃海中，去人不远；患且至，则船风引而去。盖尝有至者，诸仙人及不死之药皆在焉。其物禽兽尽白，而黄金银为宫阙。

——[西汉]司马迁，《史记·封禅书》

在“长生不老”和“自由自在”这两个中心观念不变的前提下，汉代仙境“去人不远”，不再遥不可及，仙境中有祠、有宫阙，愈加与人间相仿。这种企及与相仿，是依靠仙境山水地点的明确和仙境山水场景的写实来实现的。换言之，仙境与人间的差距通过山水被进一步缩小。

到了六朝，仙境终于与人间接轨了。当时人们已经认识到仙境与仙人是并不存在的[①]，可是大麻烦就出现了：虽然仙境不在了，可世人自由自在的渴望还在；仙人不

① 参见[曹魏]王弼，《老子注》；[曹魏]嵇康，《声无哀乐论》；[西晋]郭象，《庄子注》。

见了，可世人长生不老的诉求还在。幸甚，东晋的葛洪拿出了解决方案：养生与炼丹。并给这通往自在与长生的唯二途径设置了一个必不可少的前提条件：在山水中。

> 合丹当于名山之中、无人之地。
>
> ——[东晋]葛洪，《抱朴子内篇·金丹卷四》
>
> 山林之中非有道也，而为道者必入山林，诚欲远彼腥膻，而即此清净也。
>
> ——[东晋]葛洪，《抱朴子内篇·明本卷十》

葛洪论证了清净的人间山水是炼丹与修行的必选场所，明确了人间山水对于修仙、养生以及炼丹的必要性和重要性。南朝梁的陶弘景紧随其后，提出人间山水中即有仙山仙水。

> 大天之内，有地中之洞天三十六所。
>
> ——[南朝梁]陶弘景，《真诰·稽神枢第一》

至此，人间山水不再是仙境与人间的关联，而是直接成为"仙山仙水"，仙境得以在人间重塑。现在还有最后一个问题没有解决：什么样的人间山水才够资格成为仙山仙水？六朝人对这个问题解答了一小半，明确了三十六洞天中十处在人间的山水的名号与次序，分别是王屋山、委羽山、西城山、西玄山、青城山、赤城山、罗浮山、句曲山、林屋山、括苍山。[①]其余二十六洞天则“不行于世”[②]，即当时的人也不知道，也就是说六朝人只理出了10处人间仙山，但其实只有8处，因为西城山与西玄山直到唐代前期还“未详所在”[③]。

剩下的大半个问题留给了司马承祯。

司马承祯的《上清天地宫府图经》提出了完备的“洞天福地”系统，在总结前人的基础上，基本将洞天福地与人间的真实山水一一关联。十大洞天、三十六小洞天和七十二福地中仅有5处福地尚未在现世山水中对应落实，其余的113处山水从此蜕变，成为仙境在人间的化身、神话传说在现世的载体、仙道文化体系完备的标志与后续发展的基石。

“人间仙境”所反映的仙道文化只是江南山水文化内涵的一个侧面。除此之外，江南山水还融合了玄学文化、佛教文化、好生文化、隐逸文化、节俗文化等多种内涵，这些也都是本书将要探讨的内容。

从仙道文化这个侧面，可以给本书所探讨的山水作一个定义：山水是融合了人类思想与活动的具有审美价值的山与水，是人类文明与自然山水互相影响、互相作用之后的结果，是自然因素和人文因素的复合体。自然山水是本底与骨架，人类思想与活动是施加于上的改造力量。区

---

① 参见[南朝梁]陶弘景编撰的《真诰》中所引的《茅传》。

② 引自[南朝梁]任昉，《述异记》。

③ 引自[唐]司马承祯，《上清天地宫府图经》。

域性与历时性是山水的两个基本属性，其所在区域的地理特征及文化特质使其具有地域性，并成为地域文化的组成部分；随时代文明的推进而被不断改变使其具有历时性，并层叠着时代文明的印记。换言之，山水作为人类文明对自然山与水的改造结果，承载了特定区域内全历史时段的相关文化现象和文化成就。

（三）江湖

在“人间仙境”构建的过程中，有三个关键人物：葛洪、陶弘景、司马承祯。

葛洪，丹阳句容（今江苏镇江）人，早期修道江南，游历过江南会稽上虞龙头山、兰芎山、若耶溪[①]等地。

陶弘景，丹阳秣陵（今江苏南京）人，在茅山修道45年，其间东行浙越，到访过会稽大洪山、始宁兆山、始丰天台山、吴兴天姥山。

司马承祯，河内温县（今河南温县）人，陶弘景的三传弟子，游遍天下名山后隐居天台山。

这三人的成长背景、隐修之地、游访经历都围绕江南山水展开，显然，江南山水对于“人间仙境”的构建起到了至关重要的推动作用。

---

① 有若邪溪与若耶溪两种提法，本书为便于理解，行文统一用若耶溪，但引用的诗文仍遵循原文。

于是，一个值得玩味的反差出现了：明明最有影响力的神话系统——昆仑神话和蓬莱神话——都诞生于北方，明明最具知名度的仙境——昆仑与蓬莱——都位于北方，明明与天沟通的仪式——祭天与封禅——大都举行于中原的山岳，可是，为什么最终“人间仙境”的构建是由江南人在江南完成？

对这个问题进行全面解答显然要涉及历史、政治、哲学以及宗教等诸多文化层面，若只聚焦于山水层面，答案在于：中原山水不够“江湖”，而江南山水足够“江湖”。

众所周知，江南最显著的地理特征就是海拔低，多山地丘陵，多水，平原被山、水切割得非常细碎。江南又是全国水域分布较为密集、比例较高的区域之一，河道棋布，素来有“水乡泽国”的称呼。江南的沼泽化也非常严重，这意味着江南的平原并不是中原那种土表干燥的状态，而是经常被水面局部覆盖甚至完全淹没的水陆难分的状态。

江湖，是对江南山水物质层面特征的概括。

江与湖作为各种水体的指代，不仅包含江、湖，还包括溪、涧、泉、湿地、沼泽等各种水体形式。江南的山也因水而活，而润，而生机盎然。江南山水独特的美感和韵味离不开江湖，它们为江南氤氲出一层迷蒙旖旎的纱。

水是眼波横，山是眉峰聚。欲问行人去那边？眉眼盈盈处。

才始送春归，又送君归去。若到江南赶上春，千万和春住。

——[北宋]王观，《卜算子·送鲍浩然之浙东》

眉眼盈盈，山水交织，构成了江南山水美的物质基础。

江湖水泽的存在，让江南山水的气质绵延温润，它不同于中原地区推崇的拔地而起的恢弘气势，而是一种自然而然渐入佳境的奇奥韵味。流淌的水，曲曲弯弯；两岸的山，层层叠叠。也许转过一处山湾，一片水光潋滟的湖面便呈现在眼前，使空间豁然开朗，心胸也随之一畅，逗留之后沿江或溪渐行渐深渐远。这是一种在旷奥的动态变化中向内挖掘深度的空间取势，更强调“慢”与“缓”的如水如绸般柔缓延绵的质感，不羡高大，而着力深远；不求壮丽，而胜在幽奥。

江湖水泽的绵延温润，缠绕住赏遍四方胜景的李白，使他依依不舍于“会稽风月好，却绕剡溪回”[①]的辗转幽丽；牵萦住任职江南经年的白居易，让他飘飘自得于“烟渚云帆处处通，飘然舟似入虚空”[②]的云水迷蒙，甚至在离开江南10年后，白居易仍对其念念不忘，写下了千古绝唱《忆江南》三首。

江南好，风景旧曾谙。日出江花红胜火，春来江

① 引自[唐]李白，《赠王判官时余归隐居庐山屏风叠》。

② 引自[唐]白居易，《泛太湖书事寄微之》。

水绿如蓝。能不忆江南？

江南忆，最忆是杭州。山寺月中寻桂子，郡亭枕上看潮头。何日更重游？

江南忆，其次忆吴宫。吴酒一杯春竹叶，吴娃双舞醉芙蓉。早晚复相逢。

——[唐]白居易，《忆江南词三首》

三首词分写江南春色、杭州秋景和苏州胜事，从编排上看，江南最打动他的是“江花”与“江水”，其次是“山寺寻桂”与“枕上看潮”。这四者皆是山水，而水又占了泰半。江南之水就是这样脉脉含情，于不动声色间熏染出了深远幽奥的地域特质，勾留住了无数文人墨客。

如果将同一位诗人分别针对中原和江南山水的描写作一个对比，就会更清晰地体会到江南山水因“江湖”而获得的深远和幽奥的内向型空间质感。

梵宇出三天，登临望八川。

开襟坐霄汉，挥手拂云烟。

函谷青山外，昆池落日边。

东京杨柳陌，少别已经年。

——[唐]宋之问，《登禅定寺阁》

乘兴入幽栖，舟行日向低。

岩花候冬发，谷鸟作春啼。

沓嶂开天小，丛篁夹路迷。

犹闻可怜处，更在若邪溪。

——[唐]宋之问，《泛镜湖南溪》

同样是五言律诗，宋之问笔下的中原山水被书写得壮阔高远、气势磅礴，水体在山水空间中完全处于陪衬山体的次要地位，对山水的体察方式是登高，体察视角是远望，空间以观赏者为中心，极致的外放，是一种典型的外向型取势。

宋之问对江南山水的描写则截然不同，"幽栖""沓嶂"与"丛篁"渲染出空间极致的幽深与曲折，水体与山体是密不可分、不分主次的两种元素，体察方式则需随水路婉转，体察视角是动态的缓缓推进，乃至"路迷"，向内探求的内向型取势特征表露无遗。

不仅仅是宋之问，几乎所有的诗、赋、词、文在描写中原山水时，都会将山和水置于主和次的关系之上，而在描写江南山水时，则无法将两者明确地切割开。显然，中原山水是以山为主的单核结构，而江南山水是山水交融的双核结构。

《岱览》是一本成书于清代的记录泰山山水的山岳志，书中将泰山山景分为25类，水景分为13类："注川曰溪，注溪曰谷，注谷曰沟，沟梢河洒，河水汇于大川，两山夹流曰涧，自下而上为泉，自上而下为瀑布，两山夹之，中有林泉曰峪。谷言容，峪言裕也。渟泓为池，潆洄为湾，澄靓无底为潭。"大意为：川注入溪，溪注入谷，谷注入沟，沟浅河深，河水汇于大川，夹在两山之间的河流为涧，从下面涌出的为泉，从上面倾泻下来的为瀑布，在两山之间有山林有泉水的景致是峪，积水深的为池，水流回旋处为湾，澄澈而深不见底的为潭。显然，上述13类水景都是小规模的线状或点状水体，并不能如江或湖般担负起构建空间格局的重任，这个任务只能由山单独承担。

所以对于泰山的书写永远都围绕山的高大与险远而展开。早在春秋时期《诗经》即云，“泰山岩岩，鲁邦所詹”；《孟子》亦云：“孔子登东山而小鲁，登泰山而小天下”；西晋陆机《泰山吟》写道，“泰山一何高，迢迢造天庭”；唐代的描写重点仍是峰、岭、崖等山体元素，即使描写到了水，也仅作为点缀性的一个空间节点依附于山。

唐代描写泰山最著名的作品当属李白《游泰山》组诗六首和杜甫《望岳》，与山水有关的部分节选如下。

四月上泰山，石屏御道开。
六龙过万壑，涧谷随萦回。
马迹绕碧峰，于今满青苔。
飞流洒绝巘，水急松声哀。
北眺崿嶂奇，倾崖向东摧。
洞门闭石扇，地底兴云雷。

——[唐]李白，《游泰山六首·其一》

攀崖上日观，伏槛窥东溟。

——[唐]李白，《游泰山六首·其四》

日观东北倾，两崖夹双石。

海水落眼前，天光遥空碧。

千峰争攒聚，万壑绝凌历。

——[唐]李白，《游泰山六首·其五》

朝饮王母池，暝投天门关。

独抱绿绮琴，夜行青山间。

山明月露白，夜静松风歇。

——[唐]李白，《游泰山六首·其六》

岱宗夫如何？齐鲁青未了。

造化钟神秀，阴阳割昏晓。

荡胸生曾云，决眦入归鸟。

会当凌绝顶，一览众山小。

——[唐]杜甫，《望岳》

水体仅出现在《游泰山六首·其一》和《游泰山六首·其六》两首诗中，分别为“涧”“飞流”“水急”与“王母池”，这些元素都是附属于山体的点缀。

江南却是山水双核的，这种反差的根源就是“江湖”的存在。

江、湖与溪、涧、泉、潭等水体的区别在于体量的极差。能够称之为江的一定是具备一定长度和宽度的大河，是够宽够长的线性水体，如长江、钱塘江、剡溪[①]；能够

① 剡溪，为钱塘江的最大支流，又称曹娥江，在剡中段又称剡溪。

称之为湖的，一定是水面铺张达到一定范围的，是够大的面域水体，如玄武湖、太湖、西湖、鉴湖。江和湖的体量赋予了它们与山共同成为核心的能力，而溪、涧、泉、潭这些小体量的水体则只能成为陪衬。

描写江南山水的文学作品也几乎都是基于山水双核而展开。

落日太湖西，波涵万象低。
藕花熏浦溆，菱蔓匿凫鹥。
——[唐]喻凫，《夏日因怀阳羡旧游寄裴书记》

澄霁晚流阔，微风吹绿蘋。
鳞鳞远峰见，淡淡平湖春。
——[唐]李颀，《寄镜湖朱处士》

舍舟入香界，登阁憩旃檀。
晴山秦望近，春水镜湖宽。
——[唐]孟浩然，《题云门山，寄越府包户曹、徐起居》

深潭与浅滩，万转出新安。
人远禽鱼净，山深水木寒。
啸起青蘋末，吟瞩白云端。
即事遂幽赏，何心挂儒冠。
——[唐]权德舆，《新安江路》

“江湖”为江南山水赋予了绵延温润的气质、深远幽奥的内向型取势以及山水双核的二元结构，与中原山水险峻肃杀的气质、高远宏大的外向型取势及山体单核的一元结构形成了鲜明的对比。

这就是前述的中原山水不够“江湖”，而江南山水足够“江湖”，当人们渴望“自由自在”地长生不老时，追求的是在永生的无垠中，优哉游哉地吟咏盘桓，险峻肃杀的中原山水显然不能提供这种“闲适”的环境，而绵延温润、眉眼盈盈的江南山水恰恰最为擅长。

（四）远

唐睿宗李旦与唐明皇李隆基之所以不舍得放司马承祯离京，最主要的原因是江南与中原“别途万里”，一去江南，便“杳若天际”了，江南实在是太远了。

江南之远，远在地理距离。

从上古三代到秦、汉、隋、唐，大一统王朝的政治中心、经济中心及文化中心都在中原，在靠车马传递信息的时代，江南与中原的距离之远已经超出了古人的日常能力范围，使得坐拥天下、可以动用顶级邮驿资源的帝王也只能望江湖而兴叹。

古代主要的交通方式与信息传递方式不外乎两种：陆路与水路。

以交通系统相对完善的唐代来说，江南的主要州治城市与京畿的距离短则3100余里，长则4700余里（1唐里约合今450米）。苏州在京师（长安）东南3199里，至东都

(洛阳)2500里；杭州在京师东南3556里，至东都2919里；台州在京师东南4177里，至东都3330里；温州在京师东南4737里，至东都3940里。[1]

当时主要的出行方式为步行、车行与舟行。唐代官方规定的传驿速度为：车日行30里；步日行50里；逆水舟日行30～60里不等，顺水舟日行70～150里不等。[2]那么，江南与京畿之间的单程，少则20天左右(全程顺水、完全不耽搁，且按照陆路距离计算的理想状态，事实上，水路要比陆路更绕、里数更长)，多则150多天(全程车行，不耽搁的状态)。

数千里的距离、数十天甚至上百天的旅途，必然伴随着水陆辗转、路途不通、绕路而行等各种突发状况，实际耗时一定比理想状态要久。白居易便有两次从京畿出发左迁江南的亲身经历。

第一次是长庆二年(822年)七月十四被任命为杭州刺史之后，白居易出长安赴杭州上任，因宣武军作乱，汴路不通，取襄、汉路赴任，水陆7000余里，昼夜奔驰，十月初一到达，用时约2个月。[3]漫长的路途，让白居易也夜半难眠，连连感叹已经船宿30多天了，还没有抵达杭州。

少睡多愁客，中宵起望乡。

---

① 以上数据出自[五代]刘昫编撰的《旧唐书·地理志》。

② 以上数据出自[北宋]王溥编撰的《唐会要》。

③ 参见[唐]白居易,《杭州刺史谢上表》。

沙明连浦月，帆白满船霜。

近海江弥阔，迎秋夜更长。

烟波三十宿，犹未到钱唐。

——[唐]白居易，《夜泊旅望》

第二次是宝历元年（825年）三月二十九，白居易出洛阳赴苏州任刺史，五月初五到达，用时37天。[①]

白居易这两次去地方赴任都是贬官，与外出游历或游玩的性质完全不同，必须日夜兼程尽快到达，途中不得耽搁，而且因为是公务赴任，车马及住宿都可以使用当时最为便捷的官方驿传设施，在这样的前提下，仍然用了1～2个月才到达。

地理距离遥远与路途时间长久加深了古人对江南“远”的印象，带来了江南第二重意义上的远：

江南之远，远在心理距离。

心理上的远，在文学作品中被描写得淋漓尽致，不管是思念家乡亲友却不得相见，还是贬谪地方感叹仕途浮沉，抑或是游历山水而见到另一方天地，都会加剧这种心理上的远，从而使人有感而发。

异国逢佳节，凭高独若吟。

一杯今日醉，万里故园心。

① 参见[唐]白居易，《苏州刺史谢上表》。

——[唐]韦庄，《婺州水馆重阳日作》

荆吴相接水为乡，君去春江正淼茫。

日暮征帆何处泊，天涯一望断人肠。

——[唐]孟浩然，《送杜十四之江南》

归舟归骑俨成行，江南江北互相望。

谁谓波澜才一水，已觉山川是两乡。

——[唐]王勃，《秋江送别二首·其二》

故园望断欲何如，楚水吴山万里余。

今日因君访兄弟，数行乡泪一封书。

——[唐]白居易，《江南送北客因凭寄徐州兄弟书》

江南之远，远在政治生态。

地理距离的遥远加之秦岭、淮河及长江的山水之险，帮助江南在战争时期具备相对的独立性，所谓“江南王气系疏襟，未许苻坚过淮水”[①]。

每王纲解纽，宇内分崩，江淮滨海，地非形势，得之与失，未必轻重，故不暇先争。然长淮、大江，皆可距守。吴、晋、宋、齐、梁、陈皆缘江淮要害之地置。闽越遐阻，僻在一隅，凭山负海，难以德抚。汉武帝时，朱买臣上言：“东越王数反，居泉山之上，一人守险，千人不得上。”永嘉之后，帝室东迁，

① 引自[唐]温庭筠，《谢公墅歌》。

衣冠避难，多所萃止，艺文儒术，斯之为盛。

——[元]马端临，《文献通考·舆地考四》

江南在大分裂时期多以割据政权的形态保持政治的相对独立性，多次长期成为割据政权的政治中心，春秋时期的吴国与越国，六朝时的孙吴、东晋、宋、齐、梁、陈皆如此。

江南在大一统时期则以一级地方行政区域的形态保持政治的相对独立性。汉代江南属会稽郡和丹阳郡，唐代江南属江南道（后分属江南东道与江南西道），都是地方上的一级行政区域。

政治生态上的相对独立，使得江南的政治氛围远不如中原浓厚。所以，唐明皇李隆基才会在赠别诗中将代表江南的“江湖”与代表京畿的“城阙”并置，用“江湖”隐喻远离朝廷政局、政治氛围宽松、栖丘饮谷的平民世界与生活空间，用“城阙”表征等级森严、政治色彩浓厚、鸣钟食鼎的官僚世界与生活空间。“江湖”一词在精准地抓住了江南地域特征之外，还暗喻着江南在政治层面上与朝廷的相对疏离。

所以代表江南的“江湖”在诗文中往往站在“魏阙”“洛京”“隋柳”“玉京”等代表京畿的词语对面，并通过这种对立，强化江南在政治生态上的“远”。

八月观潮罢，三江越海浔。

回瞻魏阙路，空复子牟心。

——[唐]孟浩然，《初下浙江舟中口号》

遑遑三十载，书剑两无成。

山水寻吴越，风尘厌洛京。

扁舟泛湖海，长揖谢公卿。

且乐杯中物，谁论世上名。

——[唐]孟浩然，《自洛之越》

且攀隋宫柳，莫忆江南春。

师有怀乡志，未为无事人。

——[唐]鲍溶，《送僧南游》

翱翔曾在玉京天，堕落江南路几千。

从事不须轻县宰，满身犹带御炉烟。

——[唐]南卓，《赠副戎》

政治生态上的“远”，对入世的读书人来说，往往伴随着仕途的未卜与抱负的难酬，但对出世的司马承祯来说，这种“远”有助于屏蔽干扰、潜心修道。

司马承祯辞别睿宗，坚持回转江南时，还发生了一个插曲。

唐代有个叫卢藏用的人，中了进士却未被安排官职，便隐居于京畿的终南山中，终于在中宗（睿宗之父）时得到了重用，一直身居要职。后来当司马承祯坚持离京的时候，卢藏用指着终南山对他说：“此中大有佳处，何必在远！”承祯徐答曰：“以仆所观，乃仕宦捷径耳。”[①] 后世便

① 参见[唐]刘肃，《大唐新语·隐逸》。

用“终南捷径”比喻求官或求名利的便捷途径。

终南之捷与江湖之远，不管是从地理距离上，还是从政治距离上，都恰成了一组对照。

引言以两位皇帝的临别诗文开篇，此处就以司马承祯的回应作为收尾吧。司马承祯解释了不能留京的理由：必须在远离人世的山水间才能真正修道。

> 俗人贞隐，犹许高栖，道士修真，理宜逊远。
>
> ——[唐]徐灵府，《天台山记》

司马承祯回到江南后，回赠了宋之问一首诗，宁静致远的江南山水中，淡泊修道的从容状态跃然纸上。

> 时既暮兮节欲春，山林寂兮怀幽人。
>
> 登奇峰兮望白云，怅缅邈兮象欲纷。
>
> 白云悠悠去不返，寒风飕飕吹日晚。
>
> 不见其人谁与言，归坐弹琴思逾远。
>
> ——[唐]司马承祯，《答宋之问》

非常巧合的是，司马承祯回绝帝王的理由，和他唯一存世的写给中原朋友的诗作，结尾一字竟都是“远”。

江南之远的“远”。

一、千岩竞秀，万壑争流

——江南的山水意象

魏文帝黄初三年（222年），曹植入朝京师洛阳后，返回封地鄄城（今山东鄄城），途经洛水，创作了一篇他与洛水女神互相爱慕却最终分手的爱情故事，即千古名篇《洛神赋》。约百年后，东晋明帝司马绍首次根据《洛神赋》创作了《洛神赋图》[①]，此后顾恺之、陆探微等南朝大家都进行过《洛神赋图》的创作。海内外现今存世的《洛神赋图》共有九卷，故宫博物院藏三本，辽宁省博物馆藏一本，台北“故宫博物院”藏两本，美国弗利尔美术馆藏两本，大英博物馆藏一本，作者多题为顾恺之，仅弗利尔美术馆藏一本的作者题为陆探微。

晋明帝司马绍（299—325年），字道畿，出生于琅邪国（今山东临沂）[②]。永嘉元年（307年），司马绍随父亲安东将军司马睿从下邳（今江苏睢宁北）移镇建康（今江苏南京）。此后的五年间，北方士民为躲避北方“八王之乱”引起的战乱纷纷渡江南下，史称“永嘉南渡”，这是有史以来中原汉人第一次大规模南迁。随世家大族南迁的宗族、部曲往往达千余家，人口有数万之多，史书记载，“洛京倾覆，中州士女避乱江左者十六七”。当时司马睿

① 参见[唐]张彦远，《历代名画记》。

② 引自[唐]房玄龄等，《晋书·王导传》。

辽宁博物馆《洛神赋图》

所镇守的江南地区相对安定，成为世家南下的主要迁入地。譬如，“王与马，共天下”的王导、王敦所在的琅邪王氏，以8万兵力抗击80万前秦军队的淝水之战总指挥谢安所在的陈郡谢氏两大顶层世家都选择了会稽作为新的家族聚居地。“永嘉南渡”不仅为江南带来了大量的劳动力，同时也将中原先进的文化带入了江南，促发了江南经济、文化与艺术的飞跃。

作为东晋的第二位皇帝，司马绍9岁时便随父亲越过淮河和长江，定居于建康，一直到其27岁去世，都居住在江南。虽然他所画的《洛神赋图》没有流传下来，但是可以想见，图中山水的现实摹本一定是江南的山水面貌。

顾恺之（348—409年），字长康，小字虎头，晋陵无锡（今江苏无锡）人，出生于士族家庭，师从有“画圣”之称的卫协，卫协的老师是“吴中八绝”之一的江南东吴人曹不兴。[①]可以说，顾恺之观察到、感受到的真山真水是江南的，习得的绘画技法也是江南的。

陆探微（？—约485年），吴县（今江苏苏州）人，师从顾恺之。主要生活在南朝宋的时代，这时距离自东晋开始的南北政权分割已经过去了100多年，其生活的环境以及能够交往到的师友必然都已经是南人了。

绘制过《洛神赋图》的三个人——司马绍、顾恺之及

① 顾恺之、卫协与曹不兴三人的师承关系参见[西晋]张勃著《吴录》及[唐]张彦远著《历代名画记》。

陆探微——都是生活成长在江南的。于是，一个有趣的事情发生了：原是中原地区洛水河畔的爱情故事，数十年后，成了江南地区的画家们热衷表现、反复创作的题材，北朝反而没有相关画作问世。随之而来的，便是《洛神赋》中的主角从中原的洛水之畔迁移到了江南的山水之中，文学作品中的中原山水从此置换为了绘画作品中的江南山水。

虽然目前对于存世诸版本《洛神赋图》的作者及创作年代仍未定论，但比较一致的看法是这些版本都非六朝时期的原作，但是从构图方式、表现形式及形象特征上看，这些版本应是源于一个六朝时期的母本，那么这个母本即使不是大名鼎鼎的顾恺之所画，也必是南朝的某位大家所作。换言之，在军事对抗非常激烈的南北朝时期，那个南北交往十分不便的时代，无论是晋明帝司马绍，还是顾恺之，抑或是陆探微，他们绘制《洛神赋图》中的山水形象时，所依托的现实范本必然是他们所生、所长、所居、所游的江南山水，图中传达出的也必是江南的山水意象，这种意象借由后世的摹本而呈现在今人眼前。

对于江南的山水意象，顾恺之不仅通过画笔进行了再现，还通过文字进行过精辟的概括。约在晋太元末至隆安三年间（395—399年），顾恺之在荆州做参军，其间请假回过一次江南，当他从江南返回荆州后，人们问他会稽山川到底什么样，他回答：“千岩竞秀，万壑争流，草木蒙笼其上，若云兴霞蔚。”[①]

这短短19个字，不仅高度概括了《洛神赋图》中的山水形象，也从山、水、植被三个方面精辟总结了江南山水意象的特质。

（一）千岩万壑

“千岩”二字点明山体的连绵起伏以至于无法计数。江南地区大半的地貌为低山浅丘，由江淮丘陵、大别山地、宁镇丘陵、皖南丘陵、浙西丘陵、浙中盆地、浙东丘陵及浙南山地组成，这些低山浅丘在高低错落间绵延成江南地区山水意象的大背景。同为山区，丘陵地貌与山地地貌相比，其特征在于海拔相对较低、起伏相对和缓，构成绵延的山体意象，与中原地区险峻的山体意象构成了强烈的反差。

如果将《洛神赋图》与北方地区的《萨埵那太子舍身饲虎图》进行对比，也能感知到早期的绘画作品中对于南北山体意象的反差的把握与再现。《萨埵那太子舍身饲虎图》是绘制于北周年间（557—581年）的一幅壁画，位于敦煌428号窟东壁，描述了释迦牟尼佛前世的一则善行，采取了与《洛神赋图》相同的横卷连环画式的构图方式。

南北朝时期山水画尚在萌芽探索阶段，还未形成独立

---

① 引自［南朝宋］刘义庆,《世说新语·言语》。

《萨埵那太子舍身饲虎图》

的画科，对山水形象的表达也非常稚嫩，唐代张彦远评价，“或水不容泛，或人大于山，率皆附以树石，映带其地。列植之状，则若伸臂布指”[①]，其总结的这些特征在两幅画中都有体现。粗看之下，两者对于山体的表达十分相似：都借助山体对画面进行分割与组织，也都具有“人大于山”的比例不当和“树如指列”的排布简单之特征。

但是如果进一步比较就会发现两幅图中山体的不同之处。首先，《洛神赋图》中山石走势明显要更平缓，呈现横向绵延的态势，而《萨埵那太子舍身饲虎图》中山体则非常陡峭，纵向伸展。说明早在山水画诞生伊始的六朝时期，不论地处江南还是北方，画家们都准确捕捉到了各自地区山体走势的基本特征。其次，《洛神赋图》中的众多山峰在体量与形态上呈现出更为丰富的变化，或高、或低、或伏、或立，山峰之间组合方式的处理也更为多变，或连、或断、或倚、或望。《萨埵那太子舍身饲虎图》中的山峰虽然数量众多，但是在体量和形态上基本没有变化，几乎是就同一个样式的山峰在不断地进行简单的重复，山峰之间的组合关系也非常单调，仅仅是列队式的机械排列而已。两幅画的上述差异传达出的是南北地区山体意象的互异：北方的山体更注重通过单一山峰的高大而彰显其独立的存在，南方的山体则倾向于通过多个山峰的组合凸显绵延不尽之感。

① 引自[唐]张彦远,《历代名画记》。

《洛神赋图》与《萨埵那太子舍身饲虎图》山体局部放大对比

江南“千岩”绵延不尽的特质，不仅让顾恺之折服，也深深打动了与他同时代的江南士族。于是，江南的山是谢安远眺的“森森连岭”[1]，吴均环视的“千百成峰”[2]，孙统凝听的“万籁吹连峰”[3]，也是让王献之应接不暇的“山川自相映发”[4]。

“自相映发”，离不开山，也离不开水，顾恺之称之为“万壑争流”。

江南境内的主要河流除长江外，还有钱塘江（新安江、富春江）、浦阳江、若耶溪、剡溪等，知名的湖泊有太湖、玄武湖、西湖、鉴湖等。早在东周时期便开凿有人工运河邗沟，此后又开挖了古江南运河，两者后来都成为中国大运河的一部分，是为开凿大运河所挖下的第一锹。

江南的水不仅胜在多，更在于其与山密不可分的关系上，山因水而活、而秀，水因山而清、而媚。《洛神赋图》与《萨埵那太子舍身饲虎图》两者自然环境最大的不同，就在于前者是依靠山和水共同组织画面，而后者画面中则没有水的存在，这不仅是因为前者的故事发生在水畔，更是因为在江南，水和山是自然环境中同等重要、不可分割的两个元素。江南被古人反复吟咏赞颂的湖川，都是依山存在，并且随着绵延的山势而屈曲辗转、意象幽婉的水体。

① 引自［东晋］谢安，《兰亭诗二首·其一》。

② 引自［南朝梁］吴均，《与朱元思书》。

③ 引自［东晋］孙统，《兰亭诗二首·其二》。

④ 引自［南朝宋］刘义庆，《世说新语·言语》。

最先声名鹊起的是会稽若耶溪，六朝时已名满江南，它在会稽山间从南向北流淌，注入鉴湖。歌咏若耶溪的诗篇，都绕不开两岸的青山，因为在江南，山与水是无法分开的。这些诗作氤氲着一种静谧与恬淡的气息，在溪上或缦转、或停桡、或行舟，夹岸青山倒映水中，影影绰绰，愈加彰显溪路的幽婉。

兰桡缦转傍汀沙，应接云峰到若耶。

——[唐]刘长卿，《上巳日越中与鲍侍郎泛舟耶溪》

轻舟去何疾，已到云林境。

起坐鱼鸟间，动摇山水影。

岩中响自答，溪里言弥静。

事事令人幽，停桡向余景。

——[唐]崔颢，《入若耶溪》

幽意无断绝，此去随所偶。

晚风吹行舟，花路入溪口。

际夜转西壑，隔山望南斗。

潭烟飞溶溶，林月低向后。

生事且弥漫，愿为持竿叟。

——[唐]綦毋潜，《春泛若耶溪》

山的绵延与水的幽婉便是江南山水的基调，那是一场探幽寻胜中的自我叩问，是一次远离尘世后的静思冥想，是一种不动声色间的摄人魂魄，是一抹蓦然回首时的怅然若失，是婉，是幽，是梦，是远。

（二）草木云霞

江南地处亚热带湿润季风气候区，与北方地区相比，这里的夏季湿热多雨，冬季温暖少寒，草木四季繁茂，植被郁郁葱葱。湿热的气候、丰沛的雨水，加上繁茂的植被，使江南山水间水汽充盈，空气湿润，草木植被为江南山水的婉、幽与远“蒙笼”了一层柔光的、流动的、若隐若现的纱。当旭日东升，这层由植被与水汽织就的纱便开始蒸腾、上升，继而化为山间的云霞。

顾恺之在《洛神赋图》中用画笔将他看到的“草木蒙笼”与“云兴霞蔚”凝固在了纸端，借由后世的摹本让我们一睹六朝人眼中的草木云霞。画面上洛水中的浪花和空中的云霞交相辉映。因“草木蒙笼”而“云兴霞蔚”的水汽迷蒙之感，从此成为江南山水最显著的特质之一而反复出现在后世的绘画作品中。

《游春图》，被誉为中国历史上第一幅真正意义上的山水画作品，现藏于北京故宫博物院。由隋代画家展子虔创作，采用俯瞰的构图方式，取平远意象，上有青山叠翠，湖水融融，水面上微波粼粼，岸上绿草如茵。

展子虔，生卒年不详，渤海（今山东阳信）人，历北

[隋]展子虔，《游春图》

齐、北周、隋，在隋为朝散大夫、帐内都督。① 展子虔在入隋前不仅游历过江南，还与江南的知名画家们往来甚密。他在江南曾与"画家四祖"之一的张僧繇次子张儒童共同为江都（今江苏扬州）的东安寺画壁。② 两位当世的绘画大家若要共同创作一幅作品，单单私人关系密切是远远不够的，他们还要秉持高度一致的绘画理念，同时具备不相伯仲的绘画技法。显然，上述三点要求——关系密切、理念一致、技法相当——展子虔与张儒童都达成了，才能在江都的东安寺成功完成画作，且画作被收录入唐代编纂的《贞观公私画史》。

毋庸置疑，江南是六朝时期绘画理念与绘画技法最为先进的地区。代表当时绘画最高水平的"六朝四大家"的曹不兴（孙吴）、顾恺之（东晋）、陆探微（南朝宋）和张僧繇（南朝梁）都是长期生活居住在江南的画家。晋唐间人物画水平最高，并称"画家四祖"的则是顾恺之、陆探微、张僧繇与吴道子（唐）。说明江南在绘画领域的先进性不仅体现在六朝时期，还直接影响到之后大一统的隋唐时代。虽然隋唐在政治上是北方政权统一了南方政权，但是在绘画领域显然是南方更为先进的理念和技法输出至京畿，带动了北方的发展。

作为一个北方人，展子虔在江南游历、交友与创作的

① 参见[唐]张彦远，《历代名画记》。

② 参见[唐]裴孝源，《贞观公私画史》。

经历，必然使他深深地体悟到了江南山水的意象特质，这种江南意象也昭示在《游春图》中：画面中坡度舒缓的青青两岸夹水向远方延展，是江南最为常见的山水并重的组合关系；山石形态的处理以及右上山林间蒸腾的云气，则昭示了它与《洛神赋图》的一脉相承。

草木蒙笼，是江南山水意象中最飘忽、最莫测的特质，若有若无，若隐若现，若即若离。

其山霞锦，其水绀碧，其鸟好音，其草芳葩，夺人眼睛，犹未丽也。

——[唐]顾况，《送张鸣谦适越序》

烟笼寒水月笼沙，夜泊秦淮近酒家。

——[唐]杜牧，《泊秦淮》

峰峦出没，云雾显晦……溪桥渔浦，洲渚掩映，一片江南也。

——[北宋]米芾，《画史》

淡烟轻霭濛濛，望中乍歇凝晴昼。才惊一霎催花，还又随风过了。

——[南宋]赵长卿，《水龙吟》

画家也一直在试图完美地表达出江南“草木蒙笼，云兴霞蔚”的山水意象，这个过程从顾恺之的《洛神赋图》到展子虔的《游春图》，历经了近200年，图像上的表达仍显稚嫩，一直到了再300余年后的五代，在南派巨匠董源手中，这片云霞才真正地达成了“峰峦出没，云雾显晦”的视觉效果。《夏景山口待渡图》，绢本淡设色，现藏于辽宁省博物馆。描写江南夏天景色，山势重叠，缓平绵长，植被丰茂，水汽若蒸，冈峦清润，林木秀密，构思精细，设色雅淡，为典型的江南山水意象。

（三）水乡泽国

江南境内比较集中的平原主要为太湖平原、宁绍平原和江淮平原。

太湖平原是一片以太湖为中心的碟形洼地，碟缘海拔高4～10米，大部分为4～6米，洼地最低处海拔为1.7米，平原间湖荡成群，河川纵横交错。

宁绍平原是钱塘江杭州湾南岸的一片东西向的狭长海岸平原，西起钱塘江，东至东海，南接四明山、会稽山，北濒杭州湾。南部由钱塘江、浦阳江、曹娥江及甬江等河冲积而成，北部滨海沙堤区由潮流挟带的泥沙堆积而成，水网稠密，河湖并连。

江淮平原位于江苏省、安徽省淮河以南、长江以北一带，主要由长江、淮河冲积而成。地势低洼，海拔一般在10米以下，水网交织，湖泊众多。

北魏郦道元在《水经注》中记录了江南平原的特征：“万流所凑、涛湖泛决、触地成川、枝津交渠”。但是，作为南北分裂时的北朝人，郦道元终其一生都没有踏上过

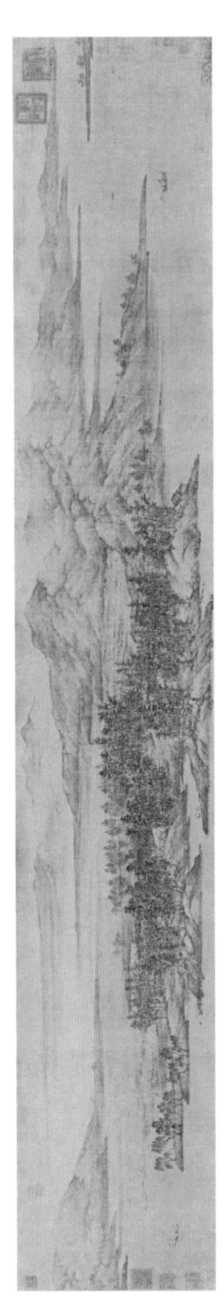

［五代］董源，《夏景山口待渡图》

江南的土地，但他又精准地描述了江南平原的特征，说明江南水乡泽国的特征早已为大江南北所熟知。低平、水泽、暖湿、多雨，从先秦开始，“卑湿”就成了江南平原的主要意象之一。

江南卑湿，丈夫早夭。

——[西汉]司马迁，《史记·货殖列传》

江南卑湿，丈夫多夭。

——[东汉]班固，《汉书·地理志下》

徙封义阳。文帝以南方下湿，又以环太妃彭城人，徙封彭城。

——[西晋]陈寿，《三国志·魏书·武文世王公传》

以江南下湿，上书乞归本郡，和帝听之。

——[南朝宋]范晔，《后汉书·马援列传》

又南土下湿，夏月蒸暑，水潦方多，草木深邃，疾疫必起，非行师之时。

——[北齐]魏收，《魏书·崔浩传》

一直到了六朝，南方“卑湿”的意象还深深地印刻在北方人心中，并由此带来了一系列的如多虫毒、多瘴疠、人易夭折的不适宜生存的负面印象。江南先民则早早适应了这种环境，在居住、生产及交通等各个方面展现出了古人适应环境的能力与智慧。

他们创造出一种底部架空的木构干阑式建筑作为居住

空间，这种建筑在通风降暑、降低潮气、隔离虫蛇方面具有巨大的优势，可以被称为最早的低技派绿色环保建筑。浙江余姚河姆渡遗址出土了6000年前的干阑式建筑木构遗存，一排排桩木打入土中作为屋基，在离地面约1米的高度上架设地梁，再在上面搭建双坡顶的房屋。这些遗存展示的正是江南先民应对“卑湿”的生存智慧。

河姆渡遗址干阑式建筑遗存

干阑式建筑复原

江南低洼多水的平原，无法像北方地区那样种植粟（小米）和黍（黄米），于是便种植了稻，多水多泽的不利环境便巧妙地转化为了种植的有利条件。浙江金华上山文化遗址出土了一万年前世界上最早的栽培水稻，证明了江南是世界稻作文明的起源地，是以南方稻作文明和北方粟作文明为基础的中华文明形成过程的重要起点。稻的特殊性与重要意义在于：生态上它是人类历史上唯一种植在湿地里的衍生植物，而像中国北方的粟、黍，印度的各种小米，非洲的高粱、珍珠粟，美洲的玉米，以及大麦、小麦、燕麦等都是旱地植物。万年前江南人在水泽中人工栽培稻，是所有农耕文明中独一无二的伟大举措。

江南人还制作出各种水上交通工具，建立起“水行而山处，以船为车，以楫为马；往若飘风，去则难从”[1]的交通出行体系。浙江杭州萧山跨湖桥遗址出土了一艘8000年前的独木舟，这是世界上迄今保存最早的独木舟之一，残长5.6米，最宽处0.52米，内深约0.15米，由整段巨木凿成。这艘史前独木舟展现了江南先民开发、利用与探索河川海洋的勇气和能力。

潮湿多虫，那便把房屋架起来；沼泽密布，那便把水稻种起来；河川罗织，那便把桨橹摇起来！

江南人从不甘于被动地顺应环境，他们主动地改造这里的山川水泽，使得秦汉时人们印象中的多虫害瘴疠的暑热之地逐渐被开发为丰俭由人的鱼米之乡，到了唐代，江南已经成为与八百里秦川同等重要的帝国的又一个粮仓。江南山水之美也逐渐名满天下，甚至当顾恺之从江南返回荆州时，他的朋友便要向他问个明白，江南山水美之若何。当顾恺之说出“千岩竞秀，万壑争流，草木蒙笼其上，若云兴霞蔚”之时，他一定很自豪于家乡的山水美景，迫不及待地希望世人都能体会到江南山水的魅力，甚至将曹植与洛神请至江南山水间，再演绎了一遍他们的爱情绝唱。

① 引自［东汉］袁康、吴平，《越绝书·越绝外传记地传》。

二、姑苏台榭倚苍霭——悼古兴怀的吴王宫苑

春秋末期，位于江南的吴国正在逐渐强大起来，但仍面临不少困难：江河海水的泛滥，军事防御设施尚不完备，荒地也未充分开垦。但西边的楚国已成为雄踞中南的泱泱大国，南边的宿敌越国也有很强的实力。此时的吴王阖闾以高超的政治眼光起用了楚国旧臣伍子胥，从此君臣二人携手，吴国实力大增，并在阖闾的继任者夫差手中达到了国力的巅峰。

公元前514年，吴王阖闾令伍子胥建造吴国的新国都——阖闾大城。

> 周敬王六年，伍员伐楚还，运润州利湖土筑之。不足，又取黄渎土，为大小二城。阖闾伐楚还，取以为号。
>
> ——[唐]陆探微，《吴地记》

吴国也迎来了城池宫观建设的第一个高潮，此后吴王在山水间大兴土木，建设城池宫室、离宫郊苑以及军事城堡。目前江南地区经考古发掘确定的和吴国有关的城池遗址有无锡阖闾城、苏州木渎古城、芜湖鸠兹城、高淳固城、吴邗城（秦汉广陵城）、溧阳平陵城、湖州下菰城、武进淹城、安吉古城等，这些遗址的位置、形态无一例外都与山水环境具有紧密的关联。

当时营建于山水之间，服务于吴王的工程，可以归结为两种用途。

第一，吴王御敌的屏障。不管是都城的城池建设还是关键地段军事城堡的建设，核心目的都是御敌，在西有强楚、南有劲越、北有宋鲁的烽烟四起的大环境下保护吴国君主安全以及掌控周边地区。

第二，吴王享乐的场所。在吴国于阖闾时代强大起来后，阖闾及其继任者夫差开始在都城周边的山水中营建用于游观、憩息的娱乐场所。

> 夫差作台，三年不成，积材五年乃成。造九曲路，高见三百里。勾践欲伐吴，于是作栅楣。婴以白璧，镂以黄金，状如龙蛇，献吴王。吴王大悦，受以起此台。
>
> ——[南宋]范成大，《吴郡志·古迹》

吴王的城池宫室、离宫郊苑以及军事城堡，改变了山水的自然状态，将人类社会的活动烙印于山水之中，它们作为“历史的史书”记录着江南人利用山水的方式，对待山水的态度，反映了江南人的山水观。虽然我们可以通过《左传》《史记》《越绝书》《吴越春秋》《吴地记》等典籍了解有关的信息，但这些信息毕竟是由人所记录，不免会带上著者的个人倾向，或者进行一些夸张的文学演绎。幸运的是，陆续发现的城池宫苑遗址也在打开吴国历史的大门，让人们得以探求历史真实的面貌。

（一）据山

2011年6月9日，中国国家文物局在北京召开新闻发布会，公布了2010年度全国十大考古新发现，江苏苏州木渎古城遗址成功入选。

全国十大考古新发现，始于1990年，由中国国家文物局委托中国文物报社和中国考古学会，于每个年度在全国范围内评选出本年度的重大考古发现十项，每项入选的发掘内容都具有极高的历史、艺术与科学价值，并可以为中国考古学科提供新的内容信息及新的认识。作为国内考古界的顶级盛事，该活动从每年千百个考古项目中优选出最有价值的十项，竞争之激烈可想而知。

苏州木渎古城遗址的成功入选有力说明了这处遗址的价值以及遗址都邑级别的地位。木渎古城地处苏州市吴中区木渎镇和胥口镇之间、太湖东北角，西南侧有口与太湖连通。古城东北侧有灵岩山、大焦山、天平山、五峰山，西侧为穹窿山、香山，南侧为清明山，东侧为尧峰山、七子山等一系列山地，它们围合出的山间盆地正是古城所在。它规模宏大，面积达24平方公里，堪称都邑级别，依托自然山水而建，充分展现了吴人因地制宜的建城思想。城址之外的更大范围内分布众多不同规模的聚落、各等级的墓葬，构成以都邑为中心的聚落群体。

2010年后，随着木渎古城考古工作的深入推进，吴人城池与山体的关系也清晰起来，这个关系便是“据山”。

所谓据山，是指城池选址于丘陵山地向沼泽平原的过渡地区，背靠丘陵末端相对高亢的坡地，面向着地势低平的沼泽平原。在当时并不能大规模改造自然环境的背景下，被山体紧拥的城池地理优势非常明显：①使城池免于水浸的隐患，相对高亢的山麓坡地保证雨季水位上涨之时城池仍能正常运作；②随着人口的扩张与生产力的提升，当城池需要向外扩张时，便可以城池为基点，向平原地区扩展。

木渎古城处于山间盆地中，周边群山围绕，北侧为灵岩山、大焦山、狮子山、杈枪岭、五峰山、博士岭和王马山等组成的“几”字形山地，西侧为穹窿山和香山，南侧为清明山，东侧为尧峰山、凤凰山、七子山和上方山等。这些山地山势陡峭，难以逾越，构成天然屏障，仅能通过五处山口与外界相通。

在五处山口中，除在西北侧的藏书镇所处山口因有现代建筑未进行考古勘探外，其余山口均发现城墙或小型城址等防御设施。在城址西南侧的香山与清明山之间是胥口，胥江即由此山口通过，外接太湖，并横穿城址，是城址与外界的重要通道。胥口外侧发现的千年寺小城，恰好扼守此交通要道。在东南侧的清明山和尧峰山之间的山口内侧即为新峰城墙之所在，在城址东侧的越溪两岸有吴城和越城夹河对峙，城址北侧的五峰城墙则横亘在五峰山与杈枪岭之间的山口。这些发现表明，木渎古城有可能未构筑完整的城墙，而是在山口处因地制宜地构筑防御设施，利用周边的山体作为天然的城墙，从而构筑起较为完备的防御体系。

——节选自《苏州木渎古城2011—2014年考古报告》

城池“据山”而建，建成后山体紧拥城池，两者之间完全不留空间距离，山与城的紧密贴合是吴国城池遗址的共性。山对城的围合程度则因具体的地形条件而有较大的弹性：有几乎全部包围，只留几个山口的，如木渎城；有大半围合的，如鸠兹城、固城、下菰城、安吉古城；有小半围合的，如阖闾城、吴邗城。山体未围合的一侧则直面城外的农田空间。大半围合是占比最高的山城关系，这种关系在尽可能提供军事防御保障的同时，又为城池留有面向平原发展的余地，利于城市规模的扩展与农业经济的发展。

不仅是城池据山，吴王的离宫别馆也大多据山而建，最知名的离宫姑苏台和馆娃宫，都建在太湖东岸丘陵地带的山间。

姑苏台是吴王的一处离宫，据姑苏山而建，它不是一座简单的高台，而是依循山势，修建有众多宫馆楼阁的一组大型的“台苑结合”的山间建筑群。

阖闾十一年，起台于姑苏山，因山为名，西南去国三十五里。夫差复高而饰之。

——[唐]陆探微，《吴地记》

阖闾十年筑，经五年始成。高三百丈，望见三百里，造曲路以登临。

——[唐]陆探微，《吴地记》

吴王夫差筑姑苏之台，三年乃成。周旋诘屈，横亘五里，崇饰土木，殚耗人力。宫妓数千人，上别列春宵宫，为长夜之饮，造千石酒钟。夫差作天池，池中作青龙舟，舟中盛陈妓乐，日与西施为水嬉。

——[南朝梁]任昉，《述异记》

馆娃宫也是一处大型的宫苑建筑群。

吴有馆娃宫，今灵岩寺即其地也。山有琴台、西施洞、砚池、玩花池，山前有采香径，皆宫之故迹。

——[南宋]范成大，《吴郡志·古迹》

西施洞，在灵岩山之腰。山即馆娃宫所在，故西施洞在焉。

吴王郊台，在横山东麓，下临石湖。坛壝之形俨然……吴王井，在灵岩山腰，大石泓也。相传为吴王避暑处……

响屧廊，在灵岩山寺。相传吴王令西施辈步蹀，廊虚而响，故名。今寺中以圆照塔前小斜廊为之，白乐天亦名鸣屧廊。

……

采香迳，在香山之傍小溪也。吴王种香于香山，使美人泛舟于溪以采香。今自灵岩山望之，一水直如矢，故俗又名箭泾。

——[南宋]范成大，《吴郡志·古迹》

吴王的两处离宫，都依山就势，顺应自然条件而建，在沿山路上行的路程中，营建有台、洞、池、井等景观节点，甚至还依山路的走势而修建了响屧廊和采香径，因山而建的线性空间将山地宫苑的景观优势发挥到了极致。除了修建馆娃宫这种可供室内享乐的宫室外，吴王还打造了诸多室外、半室外的景观，供山水间娱乐之用，将天然环境与人工谋划完美结合。吴国的离宫不仅仅是简单的“据山”，还有意识地利用山间地势的起伏、高差的变化，极大地提升了宫苑空间的趣味性与景观性。

遥想当年，吴王在姑苏台离宫游玩，沿着山间九曲之路回折而上，沿途有池、洞、廊、井供其驻足欣赏，登上姑苏台后，视野为之一展，南望太湖云水澄澈，北与馆娃宫遥相呼应，凭高望远300余里，怎能不流连忘返，沉迷其间？后世来此怀古的人也被此处的景致所折服。

方五载而厥成，造中天而特起。因累土以台高，宛岳立而山峙。或比象于巫庐之峰，或倒影于沧浪之水。悉人之力，以为美观；厚人之泽，以为侈靡。

——[唐]任公叔,《登姑苏台赋》

姑苏百尺晓铺开，楼楣尽化黄金台。

——[唐]李绅,《姑苏台杂句》

于是与客伛偻而上，抵其上之绝岭，快四面之遐睹。南望洞庭夫椒之山，湖水澄澈。其名销夏湾者，吴王避暑之所也。北望灵岩馆娃之宫。廊曰响屧，径曰采香者，吴之别馆，西子之遗踪也。其东吴城，射台巍巍；其西胥山，九曲之逵。至于兴乐有城，玩华有池，走犬有塘，蓄鸡有陂，犹不足以充其欲也，又侈斯台以为娱嬉。

——[北宋]崔鶠,《姑苏台赋》

馆娃南面即香山，画舸争浮日往还。

翠盖风翻红袖影，芙蓉一路照波间。

——[北宋]杨备,《采香径》

据山而成的吴王城池，将周边山体作为城池防御体系的一环，人工省而收效巨；据山铺陈的吴王离宫，将宫、台、馆、池、井、廊、径等人工元素依自然山势嵌入其间，达成了人工与自然的完美和谐。

（二）控水

周敬王八年（前512年），伍子胥向阖闾推荐了一个叫孙武的人。孙武（约前545—前470年），字长卿，本是春秋末期齐国人，齐国内乱时避乱至吴国隐居。当他经由伍子胥推荐得以觐见阖闾时，将隐居时所写的兵法十三篇呈给了阖闾，阖闾让他训练180位宫女以小试兵法。孙武将宫女分为两队，由阖闾的两位宠姬任队长。但是三令五申动作规则后，宫女们仍不以为意，嬉闹一处，孙武遂命斩杀两位队长。阖闾大吃一惊，忙派人对孙武说，这两位队长是他的爱姬，没有她们，他食不甘味，饭都吃得不香。孙武不为所动，说出了传世名句“将在军，君命有所不受”。杀了两位宠姬后，所有宫女令行禁止，皆中规矩绳墨。阖闾也领教了孙武的用兵之能，拜其为将军。此后，吴王在伍子胥和孙武的辅佐下，“西破强楚，入郢，北威齐晋，显名诸侯。”①

孙武，被后世尊称为“孙子”“兵圣”“百世兵家之师”，是春秋时期最杰出的军事家。他呈给阖闾的兵法十三篇，即《孙子兵法》，是我国现存最早的兵书，也是世界上最早的军事著作，北宋时，被列为“武经七书”之首，是兵学圣典。正是在这部《孙子兵法》中，孙武强调了长途物资运输中的严重损耗问题。

> 凡兴师十万，出征千里，百姓之费，公家之奉，日费千金；内外骚动，怠于道路，不得操事者，

① 引自［西汉］司马迁，《史记·孙子吴起列传》。

七十万家。

——[春秋]孙武，《孙子兵法·用间篇》

自先秦至清，中国古代物资运输的方式基本未有大的变化，主要为两种：陆路与水路。

陆路运输主要依靠人力或者牛马等畜力，这在平原地区相对容易，但在起伏较大的丘陵、山地，或者水网密布的沼泽平原，这种方式不仅损耗大、成本高、运输量小，运输效率还很低，故而古谚道："千里不运粮，百里不调草。"

水路运输主要依靠水流与风力，逆流浅滩时辅以人力，不仅成本小、运输量大而且运输效率高，非常适合丘陵较多、降雨充分、水网密布、水源稳定的江南地区。

对于拥有强大水军的吴王来说，水路就是运输的天选之路。

公元前506年，吴王阖闾为了西向伐楚，开凿了一段运河，巧妙地利用天然河流湖泊，将太湖水系的荆溪向西开挖，与长江水系的古丹阳湖连通，这段连接了太湖与长江的运河被称为胥溪或胥河。阖闾在率先品读了世界历史上第一部军事著作后，再一次领先世界，开挖了世界历史上第一条人工运河。

公元前486年，吴王夫差为了北向征齐，开凿了南起邗城（今江苏扬州）、北至末口（今江苏淮安）、连通江淮的运河——邗沟。与胥溪一样，邗沟最大化地利用了江淮之间原有的自然湖泊河流，用最少的人工打通了长江与淮河，也是后世的中国大运河最早开凿的一段河道。①

公元前484年，吴王夫差大败齐国后，欲北上争霸中原，会盟黄池（今河南封丘），便在山东西部开凿了运河——菏水，打通了黄河水系的济水和淮河水系的泗水，淮河流域与黄河流域便从此联系在了一起。

也是约在阖闾、夫差时期（前514—前473年），吴国为了南下讨越，从吴都向南开凿了一条运河直达钱塘江，为吴军运送攻越所需要的粮草，“百尺渎，奏江，吴以达粮”②。同时，吴国从吴都向北开凿了古江南河，穿巢湖（今漕湖）、过梅亭（今江苏无锡东南梅村）、入杨湖（今江苏常州、无锡之间）、出渔浦（今江苏江阴利港），可入长江而抵广陵（今江苏扬州蜀冈）。百尺渎与古江南河便将长江水系与钱塘江水系联系在了一起。

至此，吴王以吴国都城为中心，重新建构了我国东南地区的水网体系：从南至北将钱塘江、太湖、长江、淮河、黄河五大水系联系在一起，横跨钱塘江流域、长江流域、淮河流域与黄河流域，联结宁绍平原、太湖平原与江淮平原，一条南北水运交通干线初步形成。后世隋唐大运河的南半段已经初具规模，这是在隋炀帝举全国之力开凿隋唐大运河的一千多年前，一个江南的诸侯国以一己之力

---

① 参见[春秋]左丘明，《左传·哀公九年》。

② 引自[东汉]袁康、吴平，《越绝书·越绝外传记吴地传》。

完成的不可思议的壮举。

吴国重新建构东南地区水网体系的核心目的是为军事行动提供后勤保障，保证兵员装备以及粮草持续供应，对这些水道的掌控自然是重中之重，于是，诸多控扼水道的城池也应运而起。

“关关雎鸠，在河之洲；窈窕淑女，君子好逑。”《诗经》开篇之作《国风·关雎》的传唱地，雎鸠聚集的河洲，正是今日安徽省芜湖市的前身——鸠兹。春秋时期，此地因地势低洼，鸠鸟云集，鸠鸣于兹，得名鸠兹。鸠兹承载着《诗经》中的爱情故事，穿越千年时光被传唱至今。[①]

这座拥有2500年历史的古城，最初建城的目的却不像《诗经》中所描述的这般浪漫唯美，它是为战争而建的一座军事堡垒，是吴国西境防御楚军的重要战略据点，依皖南丘陵余脉而建，扼守古丹阳湖与太湖之间的水道。公元前570年楚伐吴，攻陷了鸠兹城，从此鸠兹便在春秋战国的动荡时代里或属吴，或属楚，或属越。[②]

和鸠兹一样，唐诗里风月无边、春风十里的扬州，也是吴王为了战争所建的控扼水道的军事堡垒。公元前486年，夫差开邗沟，筑邗城控之。[③]邗城，即今之扬州，据蜀冈高地建于邗沟之畔，是中国唯一与大运河同龄的运河城。

这些为了吴王称霸而建起的城池，必须精心选择建城

---

① 参见[清]马汝骁修，[清]葛天策等纂，《芜湖县志》。

② 参见[春秋]左丘明，《左传·襄公三年》。

③ 参见[春秋]左丘明，《左传·哀公九年》。

的地点，背靠山冈作为屏障，前临水道以便掌控。城池与山水的关系不仅满足了当时的军事需要，也为城池的后续发展奠定了先天优势。如扬州，因其优越的地理位置，在唐代成为“南北要冲，百货所集”的商业中心，也因为秀美的山水环境，成为“淮左名都，竹西佳处”的山水名城。

(三) 制宜

春秋战国诸侯国之间的互相征伐不仅体现在军事武力上，也体现在剧烈碰撞的思想文化上。黄河流域各诸侯国的文明基本都是在周人“礼乐”的框架下发展起来的，诸侯国主通过在社会的方方面面推行“礼乐”制度而巩固他们的统治地位，作为一个国家的象征、工程成就的集大成者，都城的面貌理当是礼仪法度教化的重要一环，极具秩序性的方正与规矩也便成为北方都城的不二选择。

北方的地理条件也使这种诉求更容易实现，城池布局的秩序性营造出庄重、肃穆的气氛，统治者权力的神圣性以及正统性得到了强化，统治阶级通过人工建筑进行礼乐教化的目的得以实现。

> 匠人营国，方九里，旁三门。国中九经九纬，经涂九轨，左祖右社，面朝后市，市朝一夫。
>
> ——[战国]《周礼·考工记》

《周礼》规定：国都营建，形态要方正，每边长九里，各开三道门；城中纵横各有九条大路，路宽可容九辆马车并行；王宫的左边（东面）设宗庙，右边（西面）建社稷；朝廷宫室在前面（南面），市场与居民区在后面（北面）；方正规矩，严格对称，分区明确，秩序井然。

江南则不然。

吴王的城池宫观非常重视对山形水势的考察与权衡，力争最大化地利用自然条件，遵循的是“因地制宜”的理念，并不强求规矩的人工美。如木渎古城的城池形态完全由周围山体所确定，东北角的人工城墙也因山就势修建为“之”字形；淹城的圆形平面，下菰城的三角形平面等都是顺应山水自然原则之下的产物。将木渎古城与中原诸侯国都城并置，两者的区别与特质便一目了然。

因地制宜理念于江南城池诞生之初便决定了其与山水的关系，也成为后世江南城池宫苑的营建理念与特质。

中国历史上的六大古都——西安、洛阳、北京、开封、南京和杭州——四座在北方，两座在江南。南京是孙吴、东晋及南朝的宋、齐、梁、陈六个政权的都城，被称为“六朝古都”，也是明朝的开国之都，它的平面形态与木渎古城如出一辙，因山就水，屈曲自然。“人间天堂”杭州曾是五代十国时期吴越国的都城西府，也是南宋都城临安，它们的城池也完全顺应山水的走势，包山就水，自然而然。西安是隋都大兴和唐都长安所在，洛阳是唐都，北京是明清都城，开封是北宋都城汴梁。同为鼎盛王朝的都城，这四座北方城池都在尽量地追求正向南北与方正完整，与江南都城的差异一目了然。北方礼仪法度之下的方整规矩，江南因地制宜之下的自然而然，是不同地域条件与社会条件下发展出的不同建筑特质，也是中华文明多元一体特征的体现。

吴王的离宫别馆也遵循着“因地制宜”的原则。作为后世山水园林的滥觞，不管是姑苏台还是馆娃宫都随山势铺陈展开，因循自然地势设置宫、馆、廊、台，人工建筑与自然山水完美融合，不分你我。江南的园林从诞生之日起，就不追求人工建筑凌驾于自然之上，而是通过自由的布局与灵活的空间处理，融于天然山水之中，并使“虽由人作，宛自天开”成为中国古典园林评价的最高标准以及审美旨趣。江南的园林以吴国的离宫别馆作为起点，发展到明清时期，江南私家园林能够成为中国古典园林之典范、世界园林之瑰宝、人类文明之重要遗产也就不足为奇了。

从吴王据山控水修建城池宫苑、离宫别馆开始，“因地制宜”这个理念深深地刻进了江南的基因里，展现了江南改造自然山水的高度智慧。这种智慧并不是后世之人归纳出来的，而是一种指导性的先见之明，因为“因地制宜”四个字正是出自吴王阖闾之口。

公元前514年，阖闾登上帝位的第二年，与伍子胥展开了一段如何“安君治民，兴霸成王”的讨论。

阖闾曰："……吾国僻远，顾在东南之地，险阻润湿，又有江海之害；君无守御，民无所依；仓库不设，田畴不垦。为之奈何？"子胥良久对曰："臣闻治国之道，安君理民是其上者。"阖闾曰："安君治民，其术奈何？"子胥曰："凡欲安君治民，兴霸成王，从近制远者，必先立城郭，设守备，实仓廪，治兵库。斯则其术也。"阖闾曰："善。夫筑城郭，立仓库，因地制宜，岂有天气之数以威邻国者乎？"子胥曰："有。"阖闾曰："寡人委计于子。"

——[东汉]赵晔，《吴越春秋·阖闾内传》

阖闾同意了伍子胥提出的立城郭、设守备、实仓廪、治兵库四条策略，并给出了实施策略时的总原则——因地制宜，这是此四字首次出现在历史典籍之中。吴国之后开展的所有工作，营建城池、离宫、军事堡垒等，都是在阖闾制定的"因地制宜"总原则下进行的。

伍子胥不负阖闾所托，对内相土尝水，造阖闾城；对外开通了攻楚的胥溪和伐越的百尺渎，辅佐阖闾和夫差两位吴王，西破强楚，南败越国，使吴国一跃成为春秋舞台上举足轻重的大国。但也正是所谓高处不胜寒，志得意满的夫差与伍子胥发生了严重的冲突：伍子胥认为要先南征灭掉越国以拿下整个江南，安定后方；夫差则急于北伐，与中原诸国一较高下。君臣之争的结局是伍子胥于公元前485年被夫差所杀。公元前482年夫差北上黄池与晋争霸，越国趁机攻入吴都，杀吴太子，虽然夫差迅速撤回，与越议和，但是此后吴国便一蹶不振。

> （夫差）二十年（前476年），越王句践复伐吴。二十一年（前475年），遂围吴。二十三年（前473年）十一月丁卯，越败吴。越王句践欲迁吴王夫差于甬东，予百家居之。吴王曰："孤老矣，不能事君王也。吾悔不用子胥之言，自令陷此。"遂自刭死。
>
> ——［西汉］司马迁，《史记·吴太伯世家》

吴都被占，姑苏台被焚，夫差自尽，吴国亡国。

夫差临终之前懊悔没能听信伍子胥之言，先灭越国，终至身死国灭。可以说，因为吴王阖闾与夫差两代吴王的因地制宜，审时度势，吴国成为春秋霸主之一，也同样是夫差未能看清时事，因地制宜，使吴国仅十年时间就从巅峰的黄池争霸而行至国灭。曾经的吴都被越所占，多年经营的姑苏台也被越兵付之一炬。

> 吴王将起（姑苏）台，子胥谏曰："王既变禹之功，而高高下下，以罢民于姑苏，吴民离矣。"弗听。
>
> ——［南宋］范成大，《吴郡志·古迹》
>
> 阖闾十一年，起台于姑苏山，因山为名，西南去国三十五里。夫差复高而饰之。越伐吴，焚之。
>
> ——［唐］陆探微，《吴地记》

吴越千年奈怨何，两宫清吹作樵歌。

姑苏一败云无色，范蠡长游水自波。

霞拂故城疑转旆，月依荒树想嚬蛾。

行人欲问西施馆，江鸟寒飞碧草多。

——[唐]李远，《吴越怀古》

百花洲上新台，檐吻云平，图画天开。鹏俯沧溟，蜃横城市，鳌驾蓬莱，学捧心山颦翠色，怅悬头土湿腥苔。悼古兴怀，休近阑干，万丈尘埃。

——[元]乔吉，《折桂令·登姑苏台》

姑苏台是吴王因山水之势而起的离宫别馆，是江南山水园林的滥觞，是中国古典园林艺术的摇篮，是人工建筑与山水环境和谐共处的典范，此乃因地制宜的正解。

姑苏台也是吴王实力强盛之后的刚愎自用，是对强敌环伺时局的误判，是大兴土木乃至劳民伤财的倒行逆施，此乃未能因地制宜的教训。

与吴王夫差一样，曾经冠绝江南却未能善终的姑苏台，既是后人心中的“檐吻云平，图画天开”，也是他们眼前的“土湿腥苔”“万丈尘埃”，胜景与荒芜的极端反差，成为六朝以来怀古文章热衷的题材，“文章千古事，得失寸心知”，姑苏台榭便以另一种存在形式延续着这片山水的历史。

三、越山长青水长白

——包孕越地的稽山鉴水

我国最早的地理著作《尚书·禹贡》将当时的天下分为“九州”，江南属“扬州”。

> 筱簜既敷，厥草惟夭，厥木惟乔。厥土惟涂泥。厥田唯下下，厥赋下上，上错。
>
> ——[战国]先秦诸子，《尚书·禹贡》

这段话的意思是：江南地区大小竹木遍地而生、花草繁茂、乔木葱郁，该地区土质潮湿，土地属于泥地，这里的耕地列为最下等（下下），赋税为第七等，有时夹杂着第六等。先秦时代，江南本就缺少平原，平原地区还多分布着不利于开展耕种的卑湿沼泽，故而耕地质量被判定为九州中的最下等。

“开发耕地”成为一道摆在所有江南人面前的必须攻克的难题。

（一）陂塘

东汉永和五年（140年），山阴县，这个会稽郡治所在地（今浙江绍兴）来到了历史的拐点：成，则变为一方沃土；不成，则仍是一片山洪海潮不断泛滥漫溢的水泽咸卤之地。站在历史拐点之上，左右会稽未来走向的人是当时的会稽太守——马臻。

马臻（88—141年），字叔荐，茂陵（今陕西兴平）人。当他站在永和五年的会稽土地上时，面临的是当地非常不利的耕种条件。

当时的山阴县，北邻后海（杭州湾），南傍会稽山，山海之间是纵深极其有限的、东西向狭长的平原地带，从南到北依次是山（会稽山）—原（山会平原）—海（后海）的三段台阶式地形，这局促狭长的山会平原就是山阴人的农耕之所。最南边的会稽山，山体向北延伸出一系列几乎彼此平行的丘陵分支，丘陵分支之间，排列诸多南北流向的河流，向北流经山势开朗处形成一系列的冲积扇，冲积扇以下，则是宽狭不等的河漫滩，河水再汇入曹娥、浦阳二江，最后注入杭州湾入海。秦汉年间，山会平原北部一片沼泽，平原南部地势较高，钱江大潮由曹娥、浦阳二江倒灌而入，造成了山会平原的严重内涝。雪上加霜的是，曹娥、浦阳二江频发山洪，倒灌的潮水和排泄不畅的山水潴成无数湖泊。这些天然湖泊在枯水季节无法满足下游的农田用水量，丰水期却携山洪而下，将下游变为泛滥漫溢的一片泽国。

山洪频发、内涝严重、海水倒灌、土地咸卤，这些棘手的问题同时摆在了马臻的面前。如何有效地利用山区淡水资源，控制淡水的蓄水量，提高山会平原水田的抗旱、排涝、抗咸能力？马臻给出的解决方案是：修建陂塘。

"陂，阪也……阪，坡者曰阪。一曰泽障"；"塘，隄也。"[①]陂塘，是古人在丘陵地带开创出的一种因势利导的水利设施系统。它利用丘陵地区天然起伏的山势，选取合适的山间洼地筑堤蓄水，设置闸门引水和排水，还可利用渠道将若干个陂联结起来，形成集蓄、引、泄于一体的工程体系，这种"长藤结瓜"式的灌溉工程至今仍是丘陵地区常用的工程类型。丘陵地貌的会稽山，山间次生河谷广泛发育，非常适合陂塘水利技术的应用。

当然，这种水利工程并不是马臻的首创，早在先秦时期江南就已经发展出了这种因地制宜的水利技术，人们在相对高燥的地区围堤筑塘，蓄淡拒咸，逐渐垦殖开发周边的小片土地。战国时的越国也依靠"或水或塘，因熟积以备四方"的农业生产策略而得以逐渐壮大。[②]东汉年间，会稽山间仍留存着一些小型的陂塘，如富中大塘、吴塘等。但是这些零星的小型陂塘已经无法满足东汉时山阴县的发展需求，马臻决定扩大陂塘规模。

实地勘探之后，马臻修筑了一条前所未有之长堤，将会稽山间数十条山溪全部蓄积起来。这条大堤长达63.5公里，以会稽郡城为中心，分为东西两大堤段，东段至曹娥江，长36公里，西端至浦阳江，长27.5公里。大堤与南面的会稽山麓共同围出了一个周长约155公里、南北宽

① 引自[东汉]许慎，《说文解字》。

② 参见[东汉]袁康、吴平，《越绝书·越绝计倪内经》。

约2.5公里的狭长形人工湖，其面积包括湖中洲岛在内约为206平方公里，这就是鉴湖，也称长湖、镜湖。[1]

鉴湖修筑完成后，其地势较北部高出2～3米，湖面在一般水位时较北部高出4～5米，配合堤中的斗门、闸、涵、堰等工程设施，使灌溉方法变得非常简单却收效甚巨。

筑塘蓄水，水高丈余，田又高海丈余。若水少则泄湖灌田，如水多则闭湖泄田中水入海，所以无凶年。

——[唐]杜佑，《通典·州郡十二·会稽郡》

马臻修筑鉴湖的功绩可与大禹比肩。

禹迹茫茫千载后，疏凿功归马太守。

——[南宋]王十朋，《鉴湖行》

山阴界内比畔接疆，无荒芜之田，无水旱之岁。

——[南宋]施宿等，《嘉泰会稽志·卷第十三》

夫为高必因丘陵，为下必因川泽，岂有作陂湖不因高下之势，而徒欲资畚锸以为功哉？马公惟知地势之所趋，横筑堤塘，障捍三十六源之水，故湖不劳而自成。

——[南宋]施宿等，《嘉泰会稽志·卷第十三》引徐次铎《复湖议》

---

① 陈桥驿. 古代鉴湖兴废与山会平原农田水利[J]. 地理学报，1962(3)：187-202.

鉴湖陂塘水利工程显示出了江南人对山水环境利用与改造的高超智慧。

首先，将“山—原—海”三段高程转变为“山—湖—原—海”四段高程。“湖”作为一段高程单独存在，提高了抵抗咸潮的能力，加速了会稽地区地表水的淡化进程，充足的淡水资源被迅速用于鉴湖以北沼泽平原的改良。

其次，将原有的“季节性沼泽平原”分化为“南湖北田”两部分。湖堤将山间溪水可控地积蓄在原沼泽平原高程较高的南侧，将这部分地区转变为“湖”；山洪不能再肆意宣泄，高程较低的北侧被迅速开垦为可以持久耕作的田地。

会土带海傍湖，良畴亦数十万顷，膏腴上地，亩直一金，鄠杜之间不能比也。

——[南朝梁]沈约，《宋书·沈昙庆传》

今之会稽，昔之关中。

——[唐]房玄龄等，《晋书·诸葛恢传》

东坡先生尝谓：杭之有西湖，如人之有目。某亦谓：越之有鉴湖，如人之有肠胃。目翳则不可以视，肠胃秘则不可以生。

——[南宋]王十朋，《鉴湖说》

境绝利博，莫如鉴湖。有八百里之回环，灌九千顷之膏腴。

——[南宋]王十朋，《会稽风俗赋》

(绍兴)向为潮汐往来之区，马太守筑坝筑塘之后，始成乐土。

——[清]徐承烈，《越中杂识》

马臻在浙东平原上首次兴建了具有全局意义的水利工程，也是东汉时期江南最大的蓄水灌溉工程。鉴湖建成，全面改造了山会平原，保障了会稽农业经济的快速发展，效益巨大，流泽万世。

(二) 镜湖

一面鉴湖水，带给会稽的不只是农业经济的快速发展，还造就了江南首屈一指的山水胜地。

鉴湖的诞生为会稽山水空间带来了更丰富的对比：高海拔的山地丘陵与低海拔的湖塘与农田，竖向的崎岖山麓与横向的蜿蜒河流，幽闭的郁郁山林与开敞的茫茫平原，汩汩跌落的动态山溪与平湖如镜的静态湖塘以及缓缓流淌、动静相间的河渠。上述种种对比赋予了山水丰富的细节与多层次的质感，夯实了美感产生的物质基础。

镜湖之水含杳冥，会稽仙洞多精灵。

——[唐]卢象，《送贺秘监归会稽歌》

闻道稽山去，偏宜谢客才。

千岩泉洒落，万壑树萦回。

——[唐]李白，《送友人寻越中山水》

越女天下白，鉴湖五月凉。

——[唐]杜甫，《壮游》

鉴湖还带来了迤逦的镜像效果。一面鉴湖水在横向百里的空间尺度上把会稽山的千岩万壑整合成一幅缓缓铺陈开来的山水画卷，倒映于水中的天光云影为"镜中山水"笼上一层缥缈迷蒙的纱，人与舟便徐行于这如梦似幻的山水图画之中。王羲之赞叹"山阴路上行，如在镜中游"，从此便有了镜湖之名并一直沿用到宋太祖建隆元年（960年），为避宋太祖赵匡胤祖父赵敬的名讳，才改镜湖为"鉴湖"。[①]

遥闻会稽美，一弄耶溪水。

万壑与千岩，峥嵘镜湖里。

秀色不可名，清辉满江城。

人游月边去，舟在空中行。

——[唐]李白，《送王屋山人魏万还王屋》

湖面的镜像，造就了"从山阴道上行，山川自相映发，使人应接不暇"的视觉效果与游赏体验，湖水将连绵

① 参见[南宋]吴曾，《能改斋漫录》。

青山倒映其中，水面涟漪之斑驳光影又反射至山林之间，便为“山川自相映发”，这成为稽山鉴水的标志性特征。一种新的山水体验方式也随之产生——“山色镜中看”。

山阴南湖，萦带郊郭，白水翠岩，互相映发，若镜若图。

——[南朝陈]顾野王，《舆地志·扬州·会稽郡》

我欲因之梦吴越，一夜飞度镜湖月。

湖月照我影，送我至剡溪。

——[唐]李白，《梦游天姥吟留别》

东海横秦望，西陵绕越台。

湖清霜镜晓，涛白雪山来。

——[唐]李白，《送友人寻越中山水》

试览镜湖物，中流到底清。

不知鲈鱼味，但识鸥鸟情。

——[唐]孟浩然，《与崔二十一游镜湖寄包贺二公》

“山色镜中看”成为会稽山水的最大魅力，深刻影响了整个江南地区山水景观的体察视角，后世的江南山水一再重现并发展了“镜中看”，水镜之中不仅可看山，还可望月、照花，观晨昏更替，顾往事如烟。

月包阴以成象，水禀月而为精。两气相合，实不入而疑入；二美交映，伊本清而又清。

——[唐]陆贽，《月临镜湖赋》

昔年家住太湖西，常过吴兴罨画溪。

水阁筠帘春似海，梨花影里睡凫鹥。

——[唐]顾况，《题梨花睡鸭图》

水天向晚碧沉沉，树影霞光重叠深。

浸月冷波千顷练，苞霜新橘万株金。

——[唐]白居易，《宿湖中》

行云却在行舟下，空水澄鲜，俯仰留连，疑是湖中别有天。

——[北宋]欧阳修，《采桑子·画船载酒西湖好》

雾凇沆砀，天与云、与山、与水，上下一白。湖上影子，惟长堤一痕，湖心亭一点，与余舟一芥，舟中人两三粒而已。

——[明]张岱，《湖心亭看雪》

鉴湖的“山水镜中看”，并不是固定在一点来看，而是随舟漂行于鉴湖上动态地看，两岸青山缓缓而来，再徐徐而过；船畔秀水潺潺而行，便抛去流光。这种体验与我国传统书画长卷的品读方式高度一致。不管是《洛神赋图》《千里江山图》，还是《富春山居图》，我国传统的山水画多为长卷，这些长卷平时从卷尾卷至卷首为一轴，便于保存收纳。赏析时，则从卷首缓缓打开，铺陈于案上。因卷长无法完全铺展开来，便一边徐徐打开，另一边随之缓缓卷起。这种“逐渐打开”“边展边卷”的动态欣赏方式不仅呼应了传统山水画散点透视的绘制方式，也与鉴湖舟行游赏方式达成了跨越时空的契合。

越水绕碧山，周回数千里。

乃是天镜中，分明画相似。

——[唐]李白，《越中秋怀》

偶成投秘简，聊得泛平湖。

郡邑移仙界，山川展画图。

——[唐]元稹，《春分投简阳明洞天作》

江东湖北行画图。

——[北宋]黄庭坚，《庭坚以去岁九月至鄂登南楼叹其制作之美成长》

人在鉴中，舟行画图。五月清凉，人间所无。有菱歌兮声峭，有莲女兮貌都。

——[南宋]王十朋，《会稽风俗赋》

江南山水的游赏便由“山水镜中看”进一步发展成为“山水展卷看”，这个过程不仅是在“展卷”，凭一叶短棹之力铺陈山水景观，更是在“展心”，任江湖不系之舟探寻世路心源。

无情水任方圆器，不系舟随去住风。

犹有鲈鱼莼菜兴，来春或拟往江东。

——[唐]白居易，《偶吟》

扁舟殊不系，浩荡路才分。

范蠡湖中树，吴王苑外云。

——[唐]赵嘏，《长洲》

鉴湖东西向的百里长度使得湖面东西存在近2米的高差，马臻便在鉴湖中修建了一条分湖堤。堤路北起会稽城东南的稽山门，南至会稽山麓，全长约6里，堤中设水门过水，如此便将鉴湖分为东西两湖，东湖面积约107平方公里，西湖约90平方公里，既解决了东西湖面高程差的问题，又避免了因鉴湖横亘而导致的南北陆路交通的不便。

马臻建设这条分湖堤，完全从实用的角度出发，解决实际使用中的问题。与无意间成就的鉴湖之美一样，这条分湖堤的意义也体现在美学价值上：湖面被一分为二，增加了层次感；湖堤作为线性的刚性陆路跨于面域的柔性水体之上，陆与水、线与面、刚与柔的重重对比使鉴湖之美细节化。

分湖堤的实用性与艺术性对江南的山水景观意义深远。杭州西湖在唐代也首次有了分湖堤——白堤，白堤将西湖水面分割为北里湖与外湖。北里湖相对较小，且四周限定明确，南北均有青山作为屏障，意境清幽雅静，与外湖的平湖远山之开阔意境形成鲜明的对比。北宋苏轼于杭州担任刺史时又修筑了苏堤，将外湖水域分成东西两部分，西侧为西山脚下南北向狭长的带状水域，称为西里湖；东侧为临城的开阔水域，称为外湖。三处水域特征各不相同，北里湖小且幽闭，西里湖长且舒静，外湖广且开阔，西湖湖面不再平铺直叙、一览无余。长堤、平湖、桃柳、青山，纷纷化作西湖的无边风月，千古风流。

官历二十政，宦游三十秋。

江山与风月，最忆是杭州。

北郭沙堤尾，西湖石岸头。

绿觞春送客，红烛夜回舟。

——[唐]白居易，《寄题馀杭郡楼兼呈裴使君》

出禁城西，湖光自别，唤醒两瞳。

有画桥几处，通人南北，绿堤十里，分水西东。

——[南宋]陈著，《沁园春·丁未春补游西湖》

山环台榭水环堤，雪月风烟是处宜。

——[南宋]黄宏，《湖上》

四山烟霭未分明。宿雨破新晴。万顷湖光，一堤柳色，人在画图行。

——[南宋]周端臣，《少年游·西湖》

不只西湖，现存经典的以湖泊为主体的山水景观都修筑有分湖堤。武汉东湖、杭州西湖、南京玄武湖、嘉兴南湖、济南大明湖、北京颐和园昆明湖是国内最知名的六个湖泊类山水景观，它们之间虽然体量差距巨大，湖体形态各异，但是分湖堤是它们的共同选择，是景观形态对比及景观层次多样的必要元素。

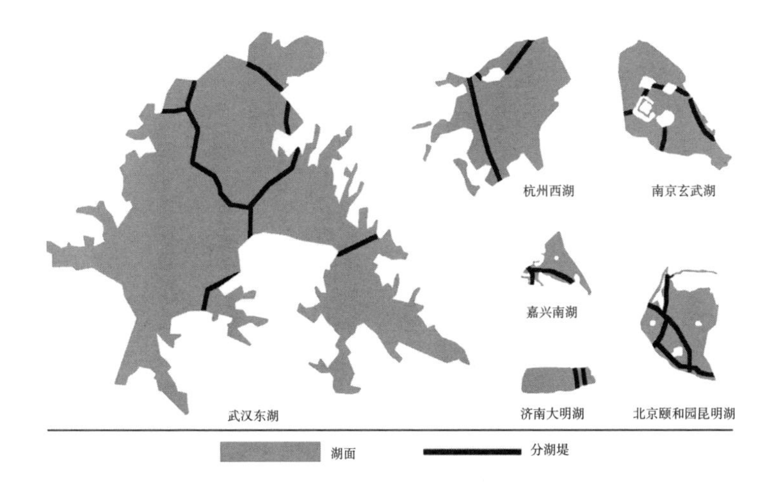

我国知名湖泊分湖堤示意图

入宋以后，一方面江南经济快速发展，人口密集，耕地不足；另一方面会稽山中水常年携泥沙而下，湖底淤积，湖周淤浅处逐渐成为陆地，成为争相围垦的对象。南宋定都临安后，越州成为京畿地区，围湖垦田的现象愈演愈烈，虽然在朝野引发了多次浚湖与废湖的争议，但鉴湖还是迅速湮废了。至宋孝宗乾道初，号称八百里的鉴湖已基本被垦为农田，相对低洼处成为缩减后的湖面和河道。宋后的鉴湖不仅失去了水利调节之功，也失去了“越水绕碧山，周回数千里”的开合之美，会稽山水作为江南之首的美名也从此成为绝响。

会稽山川之美因鉴湖之兴而兴，也随鉴湖之失而失。

（三）永和

马臻于东汉永和五年修筑鉴湖。永和，取永远和宁喜乐之意，这个年号并没有为东汉带来永远的和宁，但是永和五年的鉴湖却为绍兴地区带来了长久的效益，《尚书·禹贡》中被划分为“下下等”的越地因之成为膏腴之地，是真正的功在千秋。

但马臻的结局却十分惨烈。

> 创湖之始多淹冢宅，有千余人怨诉，臻遂被刑于市。及遣使按覆，总不见人籍，皆是先死亡者。
>
> ——［唐］杜佑，《通典》，引自［南朝宋］孔灵符，《会稽记》

孔灵符在《会稽记》中载，蓄水后的鉴湖淹没了一些民宅和坟冢，引发千余人状告马臻，马臻被下旨斩杀于市。但当朝廷派遣使臣核对这千余人的身份时，却发现都是已死之人。

孔灵符（？—465年），会稽山阴人，南朝宋官吏。他任丹阳郡的郡尹时曾提出山阴县土地褊狭、民多田少，建议将贫民迁徙至会稽郡的余姚（今浙江余姚）、鄞（今浙江奉化）、鄮（今浙江宁波鄞州区）三县，同时建议垦起湖田，开发耕地。宋武帝首肯了他的建议，贫民遂有地可耕，荒地变为了农田。后孔灵符又出丹阳任会稽郡郡守。作为会稽人与会稽的行政长官，孔灵符对这里的历史一定非常了解，《会稽记》也是记载马臻结局的最早典籍。

那么问题就来了，已死之人怎么会将马臻上告朝廷，还最终成功，使马臻被斩杀于市呢？

成书于南宋嘉泰年间的《嘉泰会稽志》中也有与马臻之死相关的记载。

> 马臻之始为湖也，会稽民数千人诣阙讼之，臻得罪死，及按，见讼者皆已死，说者以为鬼。予独曰不然。臻之为湖，不利于豪右，故相与讼之，而假死者以为名。臻虽坐死，湖乃得不废，亦幸而已。
>
> ——[南宋]施宿等，《嘉泰会稽志·卷第十三》
>
> 引自[南宋]熊克，《镜湖》

熊克（1131—1204年），字子复，建阳人（今福建南平），南宋著名文学家、史学家。曾任绍兴府诸暨县知县。《镜湖》这篇文章，解释了《会稽记》里记载的“已死之人上告”是鬼魅上告，即马臻修鉴湖结怨于鬼。紧接着熊克表达了自己的看法，他认为马臻修鉴湖，损害了当地部分权贵的利益，这些权贵便假借鬼魅之名。最后熊克感慨马臻虽死，但是留下了鉴湖，是绍兴地区之大幸。

熊克的这个说法是他“独曰”之个人推测，但是以他曾在绍兴做过地方官的经历来说，这个推测不能说是毫无根据的臆想。绍兴当地人在南宋时还为马臻建庙，“至今庙祀之”[1]也为这个推测提供了佐证。试想，如果真是“结怨于鬼”，深信神鬼存在的古人是绝不敢为他建庙祭祀的，后世也认可了熊克的这种说法。

是时，汉祚日衰，宦竖专政，豪右恶臻，乃使人飞章告臻创湖淹没人冢宅，征臻下廷尉。

——[明]萧良幹修，张元忭、孙鑛等纂，《万历绍兴府志·人物志三》

明代的《万历绍兴府志》中不仅认可了熊克的说法，还从当时宦官专政致使朝政不清的角度出发，认为地方豪右与宦竖勾结，编织罪名，使马臻被害。至此，马臻之死的前因后果有了一个比较清晰合理的解释，后世推断马臻死于创湖的第二年（141年）。

《万历绍兴府志》成书于万历十五年（1587年），从孔灵符到杜佑、熊克，再到张元忭，六朝、唐、宋、明的史学家们，用逾千年的时间去追寻一个人死亡的合理解释，是多大的遗憾推动着这份坚持，是多深的敬仰支撑着这份执着？这份无边的遗憾与敬仰不仅被刻在史书里，也烙在绍兴人的心里。

① 引自[南宋]施宿等，《嘉泰会稽志》。

然越人至今庙祀之。

——[南宋]施宿等,《嘉泰会稽志·卷第二》

民间一直流传有越地百姓在马臻被害后扶其灵柩回越的传说，据史籍记载，马臻庙最早修建于唐开元中，由岳州刺史张楚主持，此后于唐宪宗元和十年（815年）由浙东观察使孟简扩建。[①]宋代，会稽与山阴两县都建有马君庙[②]。清代，马太守庙仍有两处，一座位于鉴湖南岸的跨湖桥，另一座位于广陵桥侧。[③]这两处庙祠，至今仍在，祭祀不绝。

灾凶岁，谷穰熟，俾生物苏起，贫羸育富，其长计大利及人如此，孔子称民之父母，马君有焉。

——[唐]韦瓘,《修汉太守马君庙记》

马臻惨死于创湖之后，但历史终究不违民心。唐代追封其为仁惠公，北宋嘉祐四年（1059年）其再被加封为利济王，成为身故之后仍给越地百姓带来永和庇佑的神明。[④]2019年，水利部公布第一批历史治水名人，马臻成为首批12位水利先贤之一。

---

① 参见[唐]韦瓘,《修汉太守马君庙记》。

② 参见[南宋]施宿等,《嘉泰会稽志·卷第六》。

③ 参见[清]沈元泰等,《道光会稽县志稿》。

④ 参见[清]程鹤翥,《三江闸务全书》。

以铜为镜，可以正衣冠，以史为镜，可以知兴替。昔之镜湖，今之鉴湖，不仅仅是一面使“山川自相映发”的水镜，更是一面照古鉴今、默默记载着绍兴起伏兴替的史镜。镜湖所照的人世，青山所载的青史，正是山水作为相对永恒的所在，在景观价值之外的，超越时空的文化价值、历史价值所在。

稽山不负，鉴水长流，鉴湖虽然使马臻的生命戛然而止，但却流泽绍兴地区万世永和，这也必是太守马臻的最初夙愿。

四、栖清旷于山川——遁世之地的始宁山居

南朝宋元嘉六年（429年），隐居于会稽始宁（今绍兴嵊州三界镇）的谢灵运，带着数百名随从，从始宁出发，伐木开山百余里，至会稽与临海二郡交界处的天姥山。这个非比寻常的举动，立刻惊动了当时的临海郡太守王琇。

（谢灵运）寻山陟岭，必造幽峻，岩嶂千重，莫不备尽，登蹑常著木履，上山则去前齿，下山去其后齿。尝自始宁南山伐木开径，直至临海，从者数百人。临海太守王琇惊骇，谓为山贼，徐知是灵运乃安。

——[南朝梁]沈约，《宋书·谢灵运传》

让临海太守以为是数百山贼聚众造反的行为，仅仅是谢灵运一次游山玩水性质的出游。作为"山水游"的开山鼻祖，谢灵运出游必须让奴僮伐木开山，辟出山间游道以寻山陟岭。为了便于在山间行走，谢灵运还发明了一种专门登山的鞋，便是赫赫有名的"谢公屐"。这种鞋的鞋底安装有两个木齿，上山去前齿，下山去后齿，便于走山路。300余年后的唐天宝三年（744年），李白做了一个闻名遐迩的梦，梦中他穿着偶像谢灵运所发明的"谢公屐"，游览了天姥山。

脚著谢公屐，身登青云梯。

半壁见海日，空中闻天鸡。

——［唐］李白，《梦游天姥吟留别》

唐代已经盛名远播，在李白心中堪比天宫的天姥山，在南北朝时还未被人所知所感，故而谢灵运需要开山而至。当见到来捉山贼的临海太守王琇后，谢灵运表示要在临海郡内继续开山前行，王琇不肯，谢灵运也便作罢，临别赠了对方两句诗："邦君难地险，旅客易山行。"

谢灵运能够如此轻描淡写地与一郡太守对答赠诗，能够如此一掷千金地携百余人行百余里伐山开道，是因为他出自当时的顶级世家"陈郡谢氏"，且"因父祖之资，生业甚厚"，家中"奴僮既众，义故门生数百"，他在自己的住所周边"凿山浚湖"，该改造的都改完了，便开始翻山越岭，寻找更远的山水佳处。

（一）庄园

谢灵运（385—433年），名公义，字灵运。祖籍陈郡阳夏（今河南太康），出生于会稽郡始宁县，因祖父在会稽建有故宅"始宁墅"而移籍会稽。晋宋间诗人、文学家、旅行家、佛学家，中国"山水诗派"鼻祖。谢玄之孙，父谢瑍早逝，母刘氏是书圣王羲之的外孙女。

陈郡谢氏，兴于曹魏，于东晋朝厥功至伟。在关乎东晋存亡的“淝水之战”中，其家族中的谢安任总指挥，谢石、谢玄、谢琰在前方领兵作战，以8万晋兵抗击前秦苻坚号称的80万兵，此战东晋大获全胜。此后谢安、谢石、谢玄、谢琰同日封公，一门四公，奠定了陈郡谢氏作为东晋及南朝“当轴士族”的地位，开始与“琅邪王氏”并称“王谢”，成为权倾朝野的顶级世家大族。

谢安（320—385年），字安石。40岁前隐居会稽始宁东山（今浙江绍兴上虞上浦镇）游山玩水，“高卧东山”，教育谢家子弟。后谢氏家族于朝中之人尽数逝去，他才出东山入朝局，所谓“东山再起”。太元十年（385年），谢安病逝，享年66岁。获赠太傅、庐陵郡公，谥号“文靖”。后世将其与东晋开国之臣王导并称，“导与安相望于数十年间，其端静宽简，弥缝辅赞，如出一人，江左百年之业实赖焉”[①]。

谢玄（343—388年），字幼度，谢安之侄，善于治军。淝水之战中谢玄出任前锋都督，在前线直接与苻坚对决，以少胜多，名震江左。后乘胜开拓中原，以功封康乐县公。太元十三年（388年），谢玄病逝于会稽郡，时年46岁。追赠车骑将军、开府仪同三司，谥号献武。

谢石（327—388年），字石奴，谢安之弟。淝水之战时，谢石领水军阻止苻坚大军过江。淝水之战胜利后升迁中军将军、尚书令，进封南康郡公。太元十三年（388

① 引自[南宋]陈亮，《龙川集·卷九》。

年），谢石去世，时年62岁，谥号襄。

谢琰（352—400年），字瑗度，谢安次子、谢玄从弟。淝水之战中联合桓伊和谢玄击溃前秦军队，封望蔡县公。晋安帝隆安四年（400年）轻敌遇害，时年49岁，追赠司空兼侍中，谥号忠肃。

陈郡谢氏家族成员的政治地位，为他们在江南经营产业、积累经济实力提供了便利。

西汉开始世家大族都建有自己的庄园，也称为山庄、坞、墅、山园等。庄园拥有广阔的山水良田，生产生活设施齐备，能够独立进行粮食生产，果、桑、竹等经济作物种植，家禽鱼虫饲养，手工业生产以及物资交易等多种经济行为，呈现出高度的自给自足性。六朝时期，庄园经济成为江南典型的生产组织形式。

西晋末年，江北士族举族南渡，他们虽有大量的奴僮、乡里、部曲等作为劳动力，也拥有大量的浮财，但却没有土地，没有从事农业生产的基石。

显然，当务之急是占有土地。

但是，江南平坦优良的耕地本就有限，如太湖平原和山会平原，被早已扎根于此的江东土著世家大族所瓜分。南渡的侨姓高门士族除从朝廷获得赏赐这个渠道外，已经基本无法在平原地区获得土地。在这样的背景下，南渡者只有向尚未被充分开发的丘陵地带谋求发展，才可能既获得充分的土地，又避免因开发而与土著士族产生矛盾。

于是侨姓士族纷纷转向人烟稀少的山区“求田问舍”，

一股“封山固泽”的狂潮因之掀起。

侨姓士族在山区丘陵盆地间“山作水役”，营建庄园，开拓本家族的经济基地。作为一种经济实体，包山占泽、规模巨大、自给自足的侨姓庄园纷纷建立起来，建康所在的宁镇丘陵地区以及会稽所在的浙东丘陵山区成为当时侨姓士族庄园最为密集的区域。庄园内有农田、水塘、果林等出产各种经济作物的空间，也有进行手工业、纺织业生产的空间。作为庄园主人的高门士族，经济得以独立，生活得以保障，谢灵运之所以可以带上奴僮百余人一路开山百余里，是因为他拥有雄厚的经济实力，其经济实力的主要来源正是他在会稽始宁的庄园。

江南的平原地区是河网纵横的水乡泽国，丘陵山地是古木幽深的原始山林，两相比较，丘陵山地比平原地区农业开发的难度更大。江南的平原在秦汉时期通过“修筑陂塘”的技术手段解决了排涝与灌溉的难题，三国时期已经基本被开发完毕。山区丘陵的开发需凿山、伐木、通路、陂障，这绝非以家庭为单位的小农所能实现，必须通过组织众多劳动力才能进行。在当时的历史条件下，除国家直接组织屯垦之外，只有世家豪族才具备这样的能力。六朝时期，南迁的侨姓士族便是以“建造庄园”的方式实现了江南又一次大规模的土地开发。江南耕地的开垦由平原向山区深入，标志着江南进入了全面开发的新阶段。经过东晋百年左右的时间，当北方还在战乱不休之时，江南已经“鱼盐杞梓之利，充仞八方，丝绵布帛之饶，覆衣天下”[1]。为此后江南成为帝国的又一个经济重心，甚至在隋唐时反超北方，为最终实现经济重心的南移奠定了基础。

会稽县的剡县、始宁与上虞，从北到南依次分布于剡溪之畔的山间盆地中。剡溪，古称浦阳江，是钱塘江最大的支流，南端发源于天台山华顶峰北麓，六朝时自南向北流经会稽的剡县、始宁县、上虞县和山阴县，经马臻所开之镜湖，注入钱塘江。

会稽既远离战争前线又有秦汉时期奠定的经济基础，成为流寓江南的士族集聚地。包括陈郡谢氏与琅邪王氏在内的浙东侨姓士族的庄园便多建在会稽郡剡溪一线的山间盆地。“会境既丰山水，是以江左嘉遁，并多居之”[2]。

谢安“东山再起”之东山便在会稽郡上虞县。谢玄及其孙谢灵运的庄园在始宁县内。琅邪王氏的王羲之、王裕之的庄园在剡县。

> 乃经始东山，建五亩之宅，带长阜，倚茂林。
>
> ——[东晋]孙绰，《遂初赋(序)》
>
> 浦阳江(即剡溪)自嶀山东北迳太康湖，车骑将军谢玄田居所在。右滨长江，左傍连山。平陵修通，澄湖远镜。
>
> ——[北魏]郦道元，《水经注·浙江水》

---

① 引自[南朝梁]沈约，《宋书·沈昙庆传》。

② 引自[南朝梁]沈约，《宋书·王裕之传》。

义熙中，王穆之居大巫湖，经始处所犹在。

——[南朝宋]谢灵运，《山居赋并序、注》

谢安未仕时亦居焉。孙绰、李充、许询、支遁等皆以文义冠世，并筑室东土，与羲之同好。

——[唐]房玄龄等，《晋书·王羲之传》

他们常常把数十里甚至数百里的山林、湖沼、丘陵、原隰据为己有，建造跨州越县的大型庄园。

混（谢安孙谢混）仍世宰相，一门两封，田业十余处，童役千人……自混亡至是九年，而室宇修整，仓廪充盈，门徒不异平日。田畴垦辟，有加于旧。

——[唐]李延寿，《南史·谢弘微传》

东乡君（谢混妻）薨，遗财千万，园宅十余所，又会稽、吴兴、琅邪诸处太傅安（谢安）、司空琰（谢琰）时事业，奴僮犹数百人。

——[唐]李延寿，《南史·谢弘微传》

其中，最为著名的庄园莫过于谢灵运的"始宁墅"，也称"始宁山居"。

灵运父祖并葬始宁县，并有故宅及墅，遂移籍会稽，修营别业，傍山带江，尽幽居之美。

——[南朝梁]沈约，《宋书·谢灵运传》

阡陌纵横，塍埒交经。导渠引流，脉散沟并。蔚蔚丰秫，苾苾香秔。送夏蚤秀，迎秋晚成。兼有陵陆，麻麦粟菽。候时觇节，递艺递熟。供粒食与浆饮，谢工商与衡牧。生何待于多资，理取足于满腹。

——[南朝宋]谢灵运，《山居赋并序、注》

(二) 山居

南朝宋景平元年(423年)秋，时年39岁的谢灵运任永嘉(今浙江温州)太守仅一年，便称病辞官，回到了他的故乡会稽始宁，开始了人生中的第一次隐居生活。

故乡始宁有谢灵运祖父谢玄所开创的始宁庄园。庄园范围大体上来说，北起今上虞上浦东山，当时称旧山、北山，南至嵊县峪浦仙岩一带，剡溪(时称浦阳江)从中穿过。

于江曲起楼，楼侧悉是桐梓，森耸可爱，居民号为桐亭楼。楼两面临江，尽升眺之趣。芦人渔子，泛滥满焉。湖中筑路，东出趣山，路甚平直。山中有三精舍，高甍凌虚，垂檐带空，俯眺平林，烟杳在下，水陆宁晏，足为避地之乡矣。

——[北魏]郦道元，《水经注·浙江水》

谢灵运一回到这里，就着手对始宁山居进行扩建，并写下了洋洋万言的《山居赋并序、注》，全方位展示庄园的山川形势、楼阁园林、飞禽走兽、庄稼竹木与菜蔬药材。

谢灵运在扩建山居时，继承了春秋时期吴王建设山水景观时所秉持的“因地制宜”宗旨。为了更确切地了解庄园的山水形势，他手拄拐杖，踏霜踩露，溯溪泉，越山巅，亲自勘察地形。一反当时依靠卜卦占龟定凶吉的常规方法，将“因地制宜”的宗旨贯彻到底。

> 爰初经略，杖策孤征。入涧水涉，登岭山行。陵顶不息，穷泉不停。栉风沐雨，犯露乘星。研其浅思，罄其短规。非龟非筮，择良选奇。翦榛开径，寻石觅崖。
>
> ——[南朝宋]谢灵运，《山居赋并序、注》

实地调研之后，谢灵运精心策划，为每栋建筑确定最合适的地点，确保经台、讲堂、禅室与僧房都与周边山水环境具备良好的对话与呼应关系。

> 面南岭，建经台；倚北阜，筑讲堂；傍危峰，立禅室；临浚流，列僧房。[①]

为了不破坏山水环境的天真自然，在“因地制宜”之

① 由此处开始至后文《闲情偶寄》之前的引用皆出自[南朝宋]谢灵运，《山居赋并序、注》。这些引用只列举相关的语句，分段代表上下文并不衔接。

外，谢灵运还确立了始宁山居建设的总原则——“去饰取素”。建筑格调一反豪门士族的富丽堂皇，转而返璞归真。山居中的建筑使用最为质朴的“白贲”之色，即材料原有的色彩。当彩霞映照时，门楣就会被涂上一抹朱红；当碧云附着时，屋椽便会被刷上一片翠绿。

宫室以瑶璇致美，则白贲以丘园殊世。

因丹霞以赪楣，附碧云以翠椽。

山居内的声音也谢绝“京都宫观游猎声色之盛”，充盈着山水鸟兽的自然清音。

及风兴涛作，水势奔壮。于岁春秋，在月朔望。汤汤惊波，滔滔骇浪。电激雷崩，飞流洒漾。凌绝壁而起岑，横中流而连薄。

这是由水演奏的一场从朔到望、由春入秋的交响乐。

晨凫朝集，时鷮山梁……接响云汉，侣宿江潭。

蹲谷底而长啸，攀木杪而哀鸣。（谢灵运自注：虎长啸，猿哀鸣，鸣声可玩。）

晨集的鸭噪，天际的雁鸣，谷底的虎啸，林间的猿鸣，都是山居主人倾听赏玩的天籁之音。

法音晨听，放生夕归。

法鼓朗响，颂偈清发。散华霏蕤，流香飞越。析旷劫之微言，说像法之遗旨。

与山水清音相和的是梵音乐声、颂辞偈语。

始宁山居中的声音与都市之中享乐喧嚣的丝竹鼓乐相比，既“清”且“素”——每种声音的音色都相对简单、音域相对有限。如潺潺流水与沉沉法音，音高变化不如人工音乐那样跌宕起伏，音色的处理不如人工音乐那样精致细腻，但是正是这种被称为天籁的、没有任何修饰的声音才最能涤荡心灵，同时凸显了“去饰取素”的山居审美原则。

秉持着“因地制宜”的建设宗旨，遵循着“去饰取素”的审美原则，经过谢灵运的实地考察与精心策划，始宁山居成为一处时时可观景，处处有景观的巨型山水园林。谢灵运在这里隐居了三年，也便在山水中沉浸了三年。

当静坐于窗前时，窗牖便成为景框，窗外精心选择的山水对景被框住，空间转化为了画面，一幅“山水画”浑然天成。此画的内容并非一成不变，而是随晨昏交替、四季流转而动态变幻，或朝霞暮霭，或晴雨霜雪，春则鸟鸣花开，秋则层林尽染。

敞南户以对远岭，辟东窗以瞩近田。

抗北顶以葺馆，瞰南峰以启轩。

罗曾崖于户里，列镜澜于窗前。

显然，谢灵运已经开始有意识地借助窗牖进行“框景”“夹景”，这种高明的手法在后世的江南园林中乃至北方园林中被反复使用，明清两代园林千姿百态的各种漏窗便是这种手法的集大成者。

苏州留园漏窗

明末清初的文学大家李渔将这种框景之窗称为“无心画”“尺幅窗”。

> 予又尝作观山虚牖，名“尺幅窗”，又名“无心画”，姑妄言之。浮白轩中，后有小山一座，高不逾丈，宽止及寻，而其中则有丹崖碧水，茂林修竹，鸣禽响瀑，茅屋板桥，凡山居所有之物，无一不备。盖因善塑者肖予一像，神气宛然，又因予号笠翁，顾名思义，而为把钓之形。予思既执纶竿，必当坐之矶上，有石不可无水，有水不可无山，有山有水，不可无笠翁息钓归休之地，遂营此窟以居之。是此山原为像设，初无意于为窗也。
>
> 后见其物小而蕴大，有“须弥芥子”之义，尽日坐观，不忍阖牖，乃瞿然曰：“是山也，而可以作画；是画也，而可以为窗；不过损予一日杖头钱为装潢之具耳。”……坐而观之，则窗非窗也，画也；山非屋后之山，即画上之山也。不觉狂笑失声，妻孥群至，又复笑予所笑，而“无心画”“尺幅窗”之制，从此始矣。
>
> ——[明]李渔，《闲情偶寄·窗栏》

李渔（1611—1680年），字谪凡，号天徒，后改字笠鸿，号笠翁，别号觉世稗官、笠道人、随庵主人、湖上笠翁等，金华兰溪（今属浙江）人。明末清初文学家、戏剧家、美学家。居金陵（今江苏南京）时，有人塑了他垂钓模样的一枚小像相赠，李渔便在其居所窗前堆了一座高不逾丈，有丹崖碧水、茂林修竹、鸣禽响瀑、茅屋板桥的小山，将自己的小像置于此山中。后来发现从居室的窗中望去，山便如一幅画，“坐而观之，则窗非窗也，画也；山非屋后之山，即画上之山也”，顿悟般体味到了“尺幅窗”的魅力，乃至“狂笑失声”。

想必，早李渔1500余年的谢灵运已经明了这“无心画”的迷人之处，且他的“无心画”乃真山真水画就，其层峦叠嶂、山高水长之势远不是李渔人造的一方迷你山水所能及。

至此，江南山水的欣赏角度不仅有了因镜湖而催生的“山水镜中看”，还有了谢灵运摒弃占卜度地后，单纯从与山水景观互动角度出发的“山水窗中看”。

> 绝溜飞庭前，高林映窗里。
>
> ——[南朝宋]谢灵运，《石壁立招提精舍》
>
> 卜室倚北阜，启扉面南江。
>
> ——[南朝宋]谢灵运，《田南树园激流植楥》

从此，江南山水景观与园林中的窗不再只承担通风采光的作用，其审美情趣远胜于使用功能。窗外有风，有光；有山，有水；有诗情，也有画意。

高轩瞰四野，临牖眺襟带。
望山白云里，望水平原外。

——[南朝齐]谢朓，《后斋回望诗》

卷帘看水石，开牖望园亭。

——[唐]王绩，《山园》

窗含西岭千秋雪，门泊东吴万里船。

——[唐]杜甫，《绝句》

要看银山拍天浪，开窗放入大江来。

——[北宋]曾公亮，《宿甘露寺僧舍》

我居面山俯潺湲，凭轩卧牖皆见山。
山光水影入怀袖，秀色爽气非人寰。

——[南宋]韩元吉，《陆务观寄著色山水屏》

李渔之后又过了200余年，苏州从事金融业的望族贝氏出了一位热爱建筑设计的少年，他就是后来蜚声国际的华裔建筑大师贝聿铭。

贝聿铭（1917—2019年）童年与少年时期，在苏州贝氏的狮子林中研读传统古籍，也在最繁华的上海租界就读于美国人开办的学校。在中西文化剧烈碰撞中长大的贝聿铭于17岁赴美宾夕法尼亚大学学习建筑，最终成长为一位现代主义大师，1967年当选为美国艺术与科学院院士，1996年当选为中国工程院外籍院士。

1978年12月，贝聿铭受邀在北京紫禁城附近设计一幢高层酒店，他婉言谢绝了，他说无法想象一幢高层建筑居高临下俯视紫禁城的样子。最终，贝聿铭在众多的备选地段中选择了城郊的香山，在亲自考察了香山的环境之后，他设计了一组传统风貌的低层建筑以便更好地融入这片环境中，他也从此走上了一条努力探索融合现代生活方式与中国传统审美的道路。

贝聿铭是现代建筑史上“最后一个现代主义大师”，他始终坚持着现代主义风格，在将建筑人格化的同时为其注入东方的诗意。游走在东西方文化之间的他，无疑是建筑界一个特殊的存在。贝聿铭这个名字，几乎可以代表一个时代的建筑。

——《新民晚报》评语

贝聿铭努力探索一条把现代建筑特征与中国民族特色相统一的可行之路，为丰富中国新建筑发展道路方面作了重要贡献。

——中国工程院院士介绍摘录

贝聿铭的香山饭店并没有如当时大多数的人们所期望的那样金碧辉煌，而是采用了非常质朴的灰瓦白墙，这与谢灵运当年谢绝“京都宫观游猎声色之盛”而选用“白贲”之色如出一辙，谢、贝二位大师达成了跨越1500余年的异曲同工，联结这场跨越的正是中国传统园林景观设计中与山水对话时“因地制宜”的原则。

贝聿铭曾说：“在西方，窗户就是窗户，它放进光线

贝聿铭设计的苏州博物馆的窗内窗外

和新鲜的空气。但对于中国人来说，它是一个画框，花园永远在它外头。”

“山似相思久，推窗扑面来。”[①] 中国人将对山水的热爱，与自然的和谐，淋漓尽致地体现在了景观园林与建筑艺术之中，尽可能地将自身置于山水意境之中，将“虽由人作，宛自天开”作为评价园林与景观的最高准则。

(三) 遁世

南朝宋元嘉三年（426年）三月，在始宁山居隐居了不到三年的时间，谢灵运被征为秘书监，在推拒了两次未

① 引自[清]袁枚,《推窗》。

果之后，出山赴京上任。但朝廷看重的只是他在文艺上的才华，故而这次出仕，谢灵运仍只担任徒有虚名，却不能深入参与政事的虚职。仅两年后，谢灵运便告假离京，第二次回始宁归隐。

对于遁世山林这件事，身为谢家人，谢灵运可谓经验丰富，不仅是因为这是他的第二次归隐，还由于他的曾叔祖谢安、祖父谢玄也都曾避世隐居过。

谢安在40岁出仕之前，遁世会稽，“高卧东山”。

> （谢安）寓居会稽，与王羲之及高阳许询、桑门支遁游处，出则渔弋山水，入则言咏属文，无处世意。
>
> ——[唐]房玄龄等，《晋书·谢安传》

战后因功名太盛而被晋孝武帝猜忌，谢安便自请出镇广陵（今江苏扬州），隐居东山的志趣也始终未减，他打算等到天下大体安定后，便再回东山。

> 安虽受朝寄，然东山之志始末不渝，每形于言色。及镇新城，尽室而行，造泛海之装，欲须经略粗定，自江道还东。雅志未就，遂遇疾笃。寻薨，时年六十六。
>
> ——[唐]房玄龄等，《晋书·谢安传》

谢玄在淝水之战任前锋，并乘胜开拓中原，以功封康乐县公。不久后遭会稽王司马道子猜忌，称病自请解职，改任左将军，离开都城，任会稽内史。

> 太元中，王父龛定淮南，负荷世业，尊主隆人。逮贤相徂谢，君子道消，拂衣蕃岳，考卜东山。事同乐生之时，志期范蠡之举。
>
> ——[南朝宋]谢灵运，《〈述祖德二首〉序》

谢灵运的第一次归隐缘于永初三年（422年）秋被排挤出京，任永嘉太守，不得志的谢灵运在永嘉不理政事，游山玩水，一年后，称病回始宁归隐。

谢安、谢玄与谢灵运的出处进退，是六朝乃至中国古代社会很多士人矛盾心理的诠释。这些人一方面因家世与才学背景有着与生俱来的庙堂之心，希望凭自身的能力建功立业；但另一方面，在严峻的政治倾轧之下，他们的才华无处施展，又做不到与当权者同流合污，只能选择山林安放自身。

> 论曰：夫独往之人，皆禀偏介之性，不能摧志屈道，借誉期通。若使夫遇见信之主，逢时来之运，岂其放情江海，取逸丘樊？不得已而然故也。
>
> ——[唐]李延寿，《南史·马枢传》

“不得已而然故也”，《南史·马枢传》的这段评论虽寥寥数语，却鞭辟入里。

所谓隐逸，指退隐山林，隐居不仕，既是一种处世观念，也是一种生活方式。隐逸之人，便是隐士，又称逸民、逸士、高士、处士，是具备才华学识有条件做官但隐居不仕之士。他们远离政治中心，漠视功名利禄；他们是政治斗争的失败者，是庙堂生态的逃避者，又是一种精神上的负隅顽抗者与孤芳自赏者。

商周之际的伯夷、叔齐“不食周粟”，隐居在首阳山，采薇而食。

秦末汉初的东园公唐秉、夏黄公崔广、绮里季吴实、角里先生周术不满秦始皇焚书坑儒，隐居于商山，后人称之为“商山四皓”。

三国时的诸葛亮在刘备三顾茅庐前，躬耕于南阳。

到了六朝，社会动荡、兵祸战乱与政治迫害的背景下，归隐山林的士人越来越多，就连谢安、谢玄、谢灵运这样身处顶级门阀士族的人都不得不选择隐逸而避祸。

但谢家人所代表的六朝士族的隐逸方式与前代隐士有所不同。

早期的隐士是以一种不为世俗所接受的苦行者的身份出现的，他们居住在人迹罕至的深山岩穴之中，生活条件非常简陋，自给自足，艰苦困顿。

春秋楚国的老莱子：“莞葭为墙，蓬蒿为室，枝木为床，蓍艾为席，饮水食菽，垦山播种。”[1]

东汉的台佟：“隐武安山中峰，凿穴而居，采药自业。”[2]

三国时期的孙登：“于郡北山为土窟居之，夏则编草为裳，冬则被发自覆。”[3]

前面提到的伯夷、叔齐，是商末孤竹国的王子，他们的父王去世后，两人都放弃了王位，离开了京都，却在路上相遇，便相约一起去西岐，恰遇武王讨伐纣王，作为商朝宗族国的后裔，两人上前拉住武王马缰，质问其行为之不孝不义。周代商后，伯夷、叔齐谢绝周武王的高官厚禄，隐居明志，在首阳山宁可吃蕨菜也不吃周粟，留下了“夷齐让国”“叩马谏伐”“耻食周粟”及“甘饿首阳”等美谈。

伯夷与叔齐的结局却是“饿死首阳山”。这种苦心志、劳筋骨、饿体肤的困顿模式便是六朝之前隐士生活的写照，他们对隐居地的品质没有任何要求，不关注，也不热爱所生活的山水环境，更不会去刻意寻找山清水秀的隐居场所。他们所生活的山水环境，在当时人看来，是荒山溪谷，是猛兽遍布，是寂寥艰危，是森然可怖。

山气巃嵷兮石嵯峨，溪谷崭岩兮水曾波。

猿狖群啸兮虎豹嗥，攀援桂枝兮聊淹留。

---

① 出自［西晋］皇甫谧，《高士传·老莱子》。

② 出自［西晋］皇甫谧，《高士传·台佟》。

③ 出自［唐］房玄龄等，《晋书·隐逸》。

王孙游兮不归，春草生兮萋萋。

岁暮兮不自聊，蟪蛄鸣兮啾啾。

坱兮轧，山曲岪，心淹留兮恫慌忽。

罔兮沕，憭兮栗，虎豹穴。

丛薄深林兮，人上栗。

……

虎豹斗兮熊罴咆，禽兽骇兮亡其曹。

王孙兮归来，山中兮不可以久留。

——[西汉]淮南小山，《招隐士》

山谷险峻啊激起层层水波，虎豹吼叫啊群猿悲啼。王孙久留深山不归来啊，满山遍野啊春草萋萋。转眼岁末心情烦乱啊，满耳夏蝉哀鸣声声急。山中啊云遮雾盖，深山啊险阻盘曲，久留山中啊寂寞无聊少快意。没精神，心恐惧，虎豹奔突，战战兢兢上树去躲避。……虎豹争斗熊罴横行咆哮，飞禽走兽惊惧四散逃离。王孙啊，回来吧，深山中不可以久留居！①

这种只有“隐”而全无“逸”的隐居，与始宁山居、与谢灵运的遁世生活简直是天渊之别。

会境既丰山水，是以江左嘉遁，并多居之。

——[南朝宋]谢灵运，《与庐陵王义真笺》

① 黄寿祺，梅桐生.楚辞全译[M].贵阳：贵州人民出版社，1984.

其见也则如游龙，其潜也则如隐凤。

来无所从，去无所至。

有酒则舞，无酒则醒。

不明不晦，不昧不类。

萧条秋首，葳蕤春中。

弄琴明月，酌酒和风。

御清风以远路，拂白云而峻举。

指寰中以为期，望系外而延伫。

——[南朝宋]谢灵运，《逸民赋》

江南灵秀的山水与世家雄厚的家资，让包括谢灵运在内的六朝隐士一改之前苦行明志的隐逸模式，他们在山水间“见如游龙，潜如隐凤”般旷达高雅；“有酒则舞，无酒则醒”般随性恣意；“弄琴明月，酌酒和风”般闲适风流。

六朝隐士的遁世生活再也看不出前代隐士们的艰困。

（沈道虔）立宅临溪，有山水之玩。

——[唐]李延寿，《南史·沈道虔传》

（孔淳之）性好山水，每有所游，必穷其幽峻，或旬日忘归。

——[唐]李延寿，《南史·孔淳之传》

会稽剡县多名山，故（戴颙）世居剡下……吴下士人共为戴颙筑室，聚石引水，植林开涧，少时繁密，有若自然……（黄鹄）山北有竹林精舍，林涧甚美，颙憩于此涧。

——［唐］李延寿，《南史·戴颙传》

（陶弘景）身既轻捷，性爱山水，每经涧谷，必坐卧其间，吟咏盘桓，不能已已。

——［唐］李延寿，《南史·陶弘景传》

六朝士族大家出身的名士们也已经意识到了他们的隐逸方式与前代的巨大差异。

古之辞世者，或被发佯狂，或污身秽迹，可谓艰矣。今仆坐而获免，遂其宿心，其为庆幸，岂非天赐！违天不祥。

顷东游还，修植桑果，今盛敷荣。率诸子，抱弱孙，游观其间。有一味之甘，割而分之，以娱目前。虽植德无殊邈，犹欲教养子孙以敦厚退让。或以轻薄，庶令举策数马，仿佛万石之风。君谓此何如？

比当与安石东游山海，并行田尽地利。颐养闲暇，衣食之余，欲与亲知时共欢炊宴。虽不能兴言高咏，衔杯引满，语田里所行，故以为抚掌之资，其为得意，可胜言耶！常依陆贾，班嗣，杨王孙之处世，甚欲希风数子，老夫志愿尽于此也。

——［东晋］王羲之，《与谢万书》

这是王羲之在永和十一年（355年）辞官归隐后写给他的好朋友谢万的一封私信。谢万（320—361年）是谢安的胞弟，当时任吏部郎。在这封信中，王羲之开篇就表示了对古代隐者"被发佯狂""污身秽迹"之艰苦生活的不认同，庆幸于自己能够"坐而获免"，可以在会稽庄园中悠游隐居，并畅想不久后会和谢安一起共游山川湖海，共欢饮宴。

"坐而获免"，即盘桓庄园之中、游观山水之间的遁世隐居。这样的隐逸方式不仅是六朝时的主流，也成为后世大多数隐者的选择。即便没有雄厚的资产与庞大的庄园，后世的隐者也要在山水之间立茅屋，开畦田，以享山水之乐。

王维与林逋便是这种遁世模式的践行者。

王维（701—761年），字摩诘，号摩诘居士，河东蒲州（今山西运城）人。唐朝著名诗人、画家。40余岁后，在长安东南的蓝田县辋川营建了辋川别墅，在终南山中过着半官半隐的生活。

不到东山向一年，归来才及种春田。
雨中草色绿堪染，水上桃花红欲然。
优娄比丘经论学，伛偻丈人乡里贤。
披衣倒屣且相见，相欢语笑衡门前。

——[唐]王维，《辋川别业》

林逋（967—1028年），字君复，杭州大里（今浙江宁波）人，北宋著名隐士，性恬淡好古，弗趋荣利，宋仁宗赐谥“和靖先生”，世称“林和靖”。初放游江、淮间，40岁后隐居杭州西湖，结庐孤山。[①]终生不仕不娶，种梅养鹤，人称“梅妻鹤子”[②]。林逋便是在西湖孤山，写下了千古咏梅绝唱。

众芳摇落独暄妍，占尽风情向小园。

疏影横斜水清浅，暗香浮动月黄昏。

——[北宋]林逋，《山园小梅·其一》

南朝宋元嘉八年（431年），谢灵运悠游山水的第二次遁世生活因一起争端戛然而止。

会稽郡城的东郭有一湖名为回踵湖，谢灵运上书请求垦湖为田，皇帝下令州郡执行。会稽太守孟顗认为“此湖去郭近，水物所出，百姓惜之”，拒不执行。谢灵运便转而请将始宁的岯崲湖开垦为田，也被孟顗拒绝。两人因此结下仇隙，孟顗上表朝廷说谢灵运有异志。谢灵运得知后，疾驰京都为自己申辩。文帝虽然认可谢灵运是被诬告，没有降罪，但也没放他回始宁，而是委任为临川（今江西抚州）内史。

① 参见[元]脱脱等，《宋史·林逋传》。

② 参见[北宋]沈括，《梦溪笔谈·人事二》。

谢灵运于当年（431年）冬十二月赴临川，在临川仍不理政务，游山玩水，于元嘉十年（433年）被检举后流放广州，至广州后又被指控谋反，被行刑于市，终年49岁。

谢灵运从始宁出山，只短短两年时间，便被判死刑。他生命的结束与他遁世生活的结束如出一辙地令人猝不及防，也如出一辙地身不由己。

少时便被誉为“文章之美，江左莫逮”的谢灵运一向高傲轻狂，他曾经说：“天下才共一石，曹子建独得八斗，我得一斗，自古及今共用一斗。”在夸耀偶像曹植“才高八斗”的同时，自得之意也溢于言表。但承袭了当时顶级的王、谢两族血脉的他，也只能在政治生涯不得志后遁世山林，借山水、山居排遣安顿自身。

谢灵运是六朝时代士族矛盾人生的一个缩影，他的门第和才华，使他天生具备祖辈们的雄心壮志；但也是他的门第和才华，使他终生无法逃脱政治猜忌与迫害。

谢安与少年谢玄的一段话，便如六朝高门士族身不由己的人生之谶语。

> 谢太傅问诸子侄：“子弟亦何预人事，而正欲使其佳？”诸人莫有言者。车骑答曰：“譬如芝兰玉树，欲使其生于庭阶耳。”
>
> ——[南朝宋]刘义庆，《世说新语·言语》

谢安问子侄们：“你们又不需要过问政事，为什么总想成为优秀的子弟呢？”当众人都不知如何回答时，谢玄说：“这就好比如果有一株芝兰玉树，便总是想着能使它立于殿堂之前。”

身为“芝兰玉树”的谢灵运，不能立于庙堂之前，为国效力，便只能遁世山野之中，纵情山水，因缘际会成为“山水诗之鼻祖”。

五、一咏一觞真足乐——文人雅集的圣地兰亭

提到永和九年（353年），几乎人人都会想到那年的暮春，想到崇山峻岭，茂林修竹；想到天朗气清，惠风和畅；想到群贤毕至，少长咸集；想到清流激湍，曲水流觞。

永和九年，岁在癸丑，暮春之初，会于会稽山阴之兰亭，修禊事也。群贤毕至，少长咸集。此地有崇山峻岭，茂林修竹。又有清流激湍，映带左右，引以为流觞曲水，列坐其次。虽无丝竹管弦之盛，一觞一咏，亦足以畅叙幽情。

是日也，天朗气清，惠风和畅。仰观宇宙之大，俯察品类之盛，所以游目骋怀，足以极视听之娱，信可乐也。

夫人之相与，俯仰一世。或取诸怀抱，悟言一室之内；或因寄所托，放浪形骸之外。虽趣舍万殊，静躁不同，当其欣于所遇，暂得于己，快然自足，不知老之将至。及其所之既倦，情随事迁，感慨系之矣。向之所欣，俯仰之间，已为陈迹，犹不能不以之兴怀。况修短随化，终期于尽。古人云："死生亦大矣。"岂不痛哉！

每览昔人兴感之由，若合一契，未尝不临文嗟悼，不能喻之于怀。固知一死生为虚诞，齐彭殇为妄作。后之视今，亦犹今之视昔。悲夫！故列叙时人，录其所述，虽世殊事异，所以兴怀，其致一也。后之览者，亦将有感于斯文。

——[东晋]王羲之，《兰亭集序》

王羲之（303—361年，一作321—379年），字逸少，山东琅邪（今山东临沂）人，后迁居会稽山阴（今浙江绍兴），晚年隐居剡县（今浙江嵊州），为我国著名的书法家，有“书圣”之称。

因为“千年书圣”王羲之，因为会稽兰亭的一次集会，因为“天下第一行书”《兰亭集序》，永和九年（353年），成为一个美好年华的象征。

（一）修禊

永和九年（353年），对于东晋来说，却是非常糟糕的一年。

事情要从永和五年（349年）说起。该年四月北方后赵皇帝石虎病逝，他的十几个儿子为帝位内斗，中原大乱。东晋朝廷认为这是北伐的绝佳时机，任命扬州刺史殷浩为都督出师北伐。

殷浩（303—356年），字渊源，陈郡长平县（今河南西华）人。早年隐居十年，不曾出仕，后接受会稽王司马昱征召，拜建武将军、扬州刺史。王羲之多年至交好友。

殷浩于永和八年（352年）完成了战前准备，当年三月开始前期布局试探；五月，任安西将军的谢安之弟谢尚大败，死伤15000人；八月，北伐正式开始；十月，谢尚派冠军将军王侠攻克许昌。[①]

转年便是永和九年（353年），时任会稽内史的王羲之正是在好友殷浩北伐前景不利，东晋国运不明之时，召集41位亲朋好友，在会稽山阴（今浙江绍兴）之兰亭，为修禊事。

修禊，也称祓禊，本是流传于中原地区的一种节俗，人们至野外水边举行祭礼，沐浴去垢，涤旧荡新，扫除恶煞，祓除不详。这种节俗在汉末固定在了每年的三月初三。

女巫掌岁时祓除衅浴。

——［战国］《周礼·春官·女巫》

岁时祓除，如今三月上巳如水上之类。衅浴，谓以香熏草药沐浴。

——［东汉］郑玄，《周礼注》

禊者，洁也，故于水上盥洁之也。

——［东汉］应劭，《风俗通》

是月（三月）上巳，官民皆洁于东流水上，曰洗濯祓除、去宿垢疢为大洁。洁者，言阳气布畅，万物讫出，始洁之矣。

——［南朝宋］范晔，《后汉书·礼仪》

① 参见［北宋］司马光，《资治通鉴·晋纪》。

在北伐前途未卜之时，王羲之作为聚会的发起人和主持人，与包括谢安、孙绰、孙统在内的41位门阀士族齐聚兰亭，定有借此“祓除不详”之祓禊节俗活动来为北伐祈福的意图，希望北伐大业能够破开之前的不利局面。如此也便不难理解，为何琅邪王氏、陈郡谢氏、高平郗氏、颍川庾氏、太原孙氏和龙亢桓氏这些魏晋时期的顶级世家都会到场出席了。

汉代上巳日的节俗活动，除了水边沐浴以祓除不祥之外，还有一个重要的内容——宴饮。贵族们于水岸边布置帷幕、坐席，临流集宴歌饮。

> 王侯公主，暨乎富商，用事伊雒，帷幔玄黄。于是旨酒嘉肴，方丈盈前，浮枣绛水，酹酒醲川。若乃窈窕淑女，美媵艳姝，戴翡翠，珥明珠，曳离袿，立水涯，微风掩埃，纤縠低回，兰苏肸蚃，感动情魂。若乃隐逸未用，鸿生俊儒，冠高冕，曳长裾，坐沙渚，谈《诗》《书》，咏伊，吕，歌唐，虞。
>
> ——[东汉]杜笃，《祓禊赋》

魏晋以降，临流宴饮又加入了曲水流觞、行令赋诗的内容。祓禊仪式后，大家坐在水渠旁，在上流放“觞”，任其顺流而下，杯停在谁的面前谁便取而饮之，并吟诗作赋，诗酒相酬，彼此相乐。“觞”是古代一种椭圆形的酒杯，浅腹，平底，两侧有半月形耳，犹双羽一般，故称羽觞，

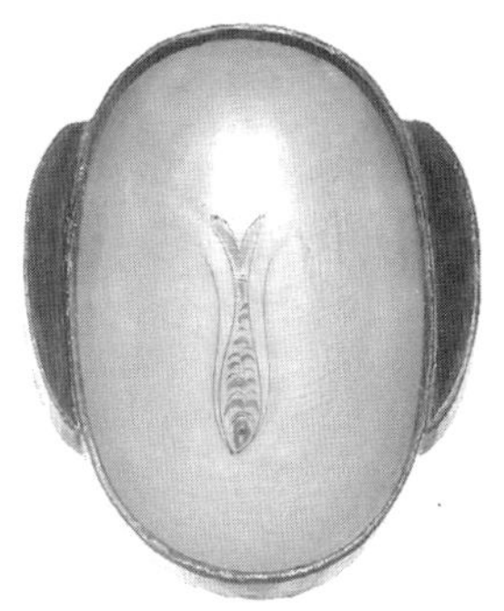

江陵高台 28 号墓出土彩绘鱼纹漆耳杯

又称耳杯，双耳可以帮助酒杯在水流的起伏中保持平衡。

> 魏明帝天渊池南，设流杯石沟，燕群臣。晋海西钟山后流杯曲水，延百僚，皆其事也。官人循之至今。
>
> ——[南朝梁]沈约，《宋书·礼二》

永和九年的兰亭集会，不仅使曲水流觞成为后世上巳节俗必不可少的一项内容，还使流觞赋诗成为中国传统文化中的一个非比寻常的重要符号。此次集会共得诗作37首，其中11人赋得诗作两篇，15人得诗一篇，16人诗不成，各罚酒三斗。[①] 诗作汇为《兰亭集》，王羲之为之作序，便是冠绝千古、书文双绝的《兰亭集序》。

《兰亭集序》开篇即赞美兰亭环境“有崇山峻岭，茂

① 参见[南朝宋]刘义庆，《世说新语·企羡》。

林修竹。又有清流激湍，映带左右，引以为流觞曲水”。优质的山水景观不仅是集会的绝佳舞台，还成了诗文审美歌颂的对象。

伊昔先子，有怀春游。契兹言执，寄傲林丘。

森森连岭，茫茫原畴。迥霄垂雾，凝泉散流。

——[东晋]谢安，《兰亭诗二首·其一》

肆眺崇阿，寓目高林。青萝翳岫，修竹冠岑。

谷流清响，条鼓鸣音。玄崿咄润，霏雾成阴。

——[东晋]谢万，《兰亭诗二首·其一》

地主观山水，仰寻幽人踪。

回沼激中逵，疏竹间修桐。

因流转轻觞，冷风飘落松。

时禽吟长涧，万籁吹连峰。

——[东晋]孙统，《兰亭诗二首·其一》

丹崖竦立，葩藻映林。渌水扬波，载浮载沉。

——[东晋]王彬之，《兰亭诗二首·其一》

又从“山水之景”引申到“人世之情”，再升华至“玄佛哲理”。

流风拂枉渚，停云荫九皋。

莺语吟修竹，游鳞戏澜涛。

携笔落云藻，微言剖纤毫。

时珍岂不甘，忘味在闻韶。

——[东晋]孙绰，《兰亭诗二首·其一》

散怀山水，萧然忘羁。秀薄粲颖，疏松笼崖。

游羽扇霄，鳞跃清池。归目寄欢，心冥二奇。

——[东晋]王徽之，《兰亭诗二首·其一》

四眺华林茂，俯仰晴川涣。

激水流芳醪，豁尔累心散。

遐想逸民轨，遗音良可玩。

古人咏舞雩，今也同斯叹。

——[东晋]袁峤之，《兰亭诗二首·其一》

这次集会将会稽山水与临流祓禊、曲水流觞紧密相联，此后提及兰亭必想到文人雅集，提及文人雅集则必绕不开兰亭，“兰亭”从会稽地区的一个地名演变为文人雅集、诗书雅事的代名词，成为中国文化史与中国书法史上最为浓墨重彩的一笔。这次集会还将民俗祭礼、节序游赏活动融入江南山水之中，后世三月初三的踏春活动，必要寻得山清水秀之地举行才算尽情尽兴。

（二）兰亭

兰亭，在王羲之的时代，本为一地名，位于会稽山阴西南20余里的兰渚山下，鉴湖南岸。相传春秋时期，越王勾践曾在此植兰。[1]汉设驿亭，始名“兰亭”。[2]

“亭”，是秦汉时的一种行政建制，秦汉实行郡县制，县下设乡、亭作为基层行政单位。约方圆百里设一县，约方圆十里设一亭，十亭为一乡，亭设亭长，负责征丁收税及治安捕盗。[3]历史上最有名的亭长便是东汉王朝的开创者刘邦了，他以试用吏员的身份，出任泗水亭亭长。[4]三国时关羽被封为汉寿亭侯，汉寿亭地区便是他的食邑，他可以征敛该地的赋税作为自己的俸禄。[5]

秦朝为了加强封建中央集权，除将分封制改为郡县制外，还建设了覆盖秦领土的道路系统，主干道路称为“驰道”，以秦都咸阳为中心，向四方延展，“东穷燕齐，南极吴楚，江湖之上，滨海之观毕至。”[6]

道路系统既是运输物资的交通网，又是传送信息的通信网。秦代传递文书多采用接力的方式，沿规定路线，一站一站接力传送。沿途设邮人食宿以及传马给养之处，称“邮”，也称“亭”。汉代进一步细分长途的“驿传”和短途的“邮传”，管理短途步行投递书信的机构，称为“邮亭”。亭，便是步行传邮人的转运和休息站。“十里一亭，

---

① 参见[南宋]张淏，《宝庆会稽续志·卷四》。

② 参见[明]萧良干主修，张元忭、孙鑛同纂，《万历绍兴府志》。

③ 参见[东汉]班固，《汉书·百官公卿表第七上》。

④ 参见[西汉]司马迁，《史记·高祖本纪》。

⑤ 参见[西晋]陈寿，《三国志·蜀书六·关羽传》。

⑥ 引自[东汉]班固，《汉书·贾山传》。

五里一邮”[1]。

间隔十里设置的“邮亭”与方圆十里的基层行政建制“亭”便合二为一，非处于交通要道沿线的亭，仅是基层行政单位，而处于交通沿线的亭，则在征丁收税与治安捕盗之上，又承担了运寄军政文书的责任。会稽山阴之“兰亭”便是汉代设置的有传邮功能的驿亭。

东晋时，邮传路途上每隔十里设长亭，每隔五里设短亭，长亭短亭便逐渐成为亲友送别的场所与代名词。

水毒秦泾，山高赵陉；十里五里，长亭短亭。

——[南朝梁]庾信，《哀江南赋并序》

玉阶空伫立，宿鸟归飞急。何处是归程？长亭更短亭。

——[唐]李白，《菩萨蛮·平林漠漠烟如织》

长亭回首短亭遥。过尽长亭人更远，特地魂销。

——[北宋]欧阳修，《浪淘沙令·花外倒金翘》

六朝建康（今江苏南京）西南的长江岸边建有“劳劳亭”，出建康到地方，多从新亭乘船，新亭便因太多的离别而成为知名的“天下伤心处”。

谢公在东山，朝命屡降而不动。后出为桓宣武司

① 引自[东汉]卫宏，《汉旧仪》。

马，将发新亭，朝士咸出瞻送。

——[南朝宋]刘义庆，《世说新语·排调》

王脩载、谯王子无忌同至新亭与别，坐上宾甚多。

——[南朝宋]刘义庆，《世说新语·仇隙》

天下伤心处，劳劳送客亭。

春风知别苦，不遣柳条青。

——[唐]李白，《劳劳亭》

送别之时的离别宴饮又使劳劳亭成为宴饮聚会与赏玩风光之处，《世说新语》记载了东晋时劳劳亭内的一场饮宴。

过江诸人，每至美日，辄相邀新亭，藉卉饮宴。周侯中坐而叹曰："风景不殊，正自有山河之异！"皆相视流泪。唯王丞相（王导）愀然变色曰："当共戮力王室，克复神州，何至作楚囚相对！"

——[南朝宋]刘义庆，《世说新语·言语》

此场饮宴便是"新亭对泣"典故的由来，过江诸人对泣之"新亭"，便是劳劳亭。"每至美日，藉卉饮宴"于劳劳亭，是东晋建康士族之常态。可见，用于邮传与送别的"亭"在东晋南朝时又复合了"宴饮"与"赏景"的功能，并逐渐成为一种观景建筑营建于山水景观与园林之中。不管是建于皇家苑囿还是士族庄园，亭必与山水空间发生关联。

（广陵）城北有陂泽，水物丰盛。湛之更起风亭、月观、吹台、琴室，果竹繁茂，花药成行。招集文士，尽游玩之适，一时之盛也。

——[南朝梁]沈约，《宋书·徐湛之传》

梁武陵王纪为会稽太守，宴坐池亭，蛙鸣聒耳。

——[唐]李延寿，《南史·沈僧昭传》

（萧统）性爱山水，于玄圃穿筑，更立亭馆，与朝士名素者游其中。

——[唐]姚察、姚思廉，《梁书·萧统传》

（太建七年闰九月）丁未，舆驾幸乐游苑，采甘露，宴群臣，诏于苑龙舟山立甘露亭。

——[唐]姚思廉，《陈书·宣帝》

（阮卓）退居里舍，改构亭宇，修山池卉木，招致宾友，以文酒自娱。

——[唐]姚思廉，《陈书·文学传》

最知名的莫过于会稽山阴之“兰亭”。

东晋之兰亭早已不存，在此之后亭址又几经迁移，有时在鉴湖湖口，有时在鉴湖湖中，有时又在临湖山顶。[1]直到明嘉靖二十七年（1548年），绍兴知府沈启在天章寺以北择地重建[2]，此后兰亭虽历经重修，但是亭址再无变迁。

① 参见[北魏]郦道元，《水经注·浙江水》。

② 参见[明]文征明，《重修兰亭记》。

虽然兰亭亭址不断变动，但不论是在湖口、湖中还是山顶，都说明此亭作为驿亭供邮传之人休憩的属性在减弱，而作为景亭供人观景赏玩的属性在彰显。兰亭功能属性的这种迁移也是亭类建筑功能属性迁移的一个缩影，至唐宋，亭已经成为山水景观中的点睛之笔，在明清更是山水中不可或缺的一环。

> 水以山为面，以亭榭为眉目，以渔钓为精神。故水得山而媚，得亭榭而明快，得渔钓而旷落，此山水之布置也。
>
> ——[北宋]郭熙，《林泉高致·山水训》

郭熙（1023—约1085年），字淳夫，河南温县（今河南孟县）人，历任御画院艺学、翰林待诏。与李成齐名，人称“李郭”，与同时代的关仝、范宽并列为中国北派山水画大师。

虽然郭熙的《林泉高致》是针对山水画创作而写，但对亭的评价同样适用于现实中的真山真水。人造之亭置于天地造化之山水中，可使远离尘世的山水不至荒无人烟，使其由“可望、可行”的山水进阶为“可游、可居”的山水，便将人间之生气渗入自然山水之中，山水“得亭榭而明快”。

南宋夏圭的《溪山清远图》中，几座亭子点缀于江南的水畔、山巅、桥间，转合了山、水与云天。亭内部中

[南宋]夏圭，《溪山清远图》

空，有顶有柱，在自然山水中圈划出人工空间，又将人工空间融入自然山水之中。山水中的亭，既可观景——置身亭中，水面、天空、云烟都可尽收眼底，又可点景——建筑与山水互相映照，人文与自然得以彼此关联。

最爱于山水间画亭的莫过于元末明初的倪瓒（1301—1374年），作品多画太湖一带山水，构图平远，景物极简。《江亭山色图》为其晚年佳作，画面中有空亭、远山、疏树与平江，开创了一江两岸，留白大片江面的构图范式，这种范式之下山水与亭的关系，又构成了文人心中的一种理想山水：一河两岸的山水空间，远处青山横卧，近处杂树几株，树下空亭遗世独立。停滞的秋水与安然的远山便如身外世界，无人的空亭则是画家的内心写照。这空亭既是文人在天地间的锚点，也是其内心与外界天地的中转；是山水中的停歇之处，也是浊世中的桃源之所。由此，亭又从观赏身外景致之处内化为了观照内心、审视自我的方寸灵台。

石滑岩前雨，泉香树杪风。
江山无限景，都聚一亭中。

——[元]张宣，《题倪瓒〈溪亭山色图〉》

亭，从永和九年“一觞一咏，畅叙幽情”开始，不仅囊括着无限江山之景，也映照着林泉高致之心。

[元]倪瓒，《江亭山色图》

（三）雅集

东晋永和九年的兰亭集会并不是山水间的第一场文人集会。

东汉建安十六年（211年）正月，曹操把持汉廷，以次子曹丕（长子曹昂已死）为五官中郎将，置官属，并为丞相之副。曹丕为天下士人所向慕，一时宾客如云。当年，曹丕与曹真、曹休、吴质及“建安七子”中的阮瑀、徐干、陈琳、应玚、刘桢共赴南皮（今河北南皮），游猎、宴饮、赋诗唱和。南皮之游创作的诗文将以“建安七子”为主体的邺下文人集团的群体性诗赋创作推向高潮，被后世称为“南皮高韵”。

七年之后的建安二十三年（218年），曹丕在写给吴质的信中满怀不舍之情地追述南皮之游的种种乐事，其思怀的重点仍是宴饮游乐与诗赋酬酢。

> 昔日游处，行则连舆，止则接席，何曾须臾相失。每至觞酌流行，丝竹并奏，酒酣耳热，仰而赋诗，当此之时，忽然不自知乐也。
>
> ——［曹魏］曹丕，《与吴质书》

南皮之游虽然也是文士集团的一种集体活动，但它是统治阶级在山水间骋耳目之娱的行乐散怀，山水只是开展游猎、宴饮、赋诗的场地而已，并未被过多关注，更谈不上对之进行审美。

南皮之后在山水间饮宴赋诗的游乐活动日趋增多，尤其是非皇室主导的私人性质的游宴集会出现了，包山跨水的贵族庄园又为这种活动提供了便利的场所，西晋权臣石崇便经常在其金谷庄园中设宴集会。

石崇（249—300年），字季伦，西晋大臣、文学家，生活奢靡，以致留下了“石崇斗奢”的典故。他依金谷涧的山形水势，在周围几十里内筑园建馆，引金谷水穿流其间。[①]石崇晚年便在金谷园的山水林薮间纵情享乐。[②]

西晋元康六年（296年），石崇又一次召集众多名士至金谷园为即将回长安的征西大将军践行，与以往集会不同的是，这次宴集的诗作被结为《金谷诗集》，石崇为其作《金谷诗序》。这便是历史上赫赫有名的“金谷雅集”，它开创了文人雅士们同声相应、雅集赋诗的新颖模式，不仅成为西晋文学繁盛的象征，而且对其后江南的文人雅集影响非凡。当王羲之听说世人将他的《兰亭集序》与《金谷诗序》并提，将他与石崇并举时，他都会欣欣自得。[③]由此可见，金谷雅集在魏晋时期有着巨大的影响力。

昼夜游宴，屡迁其坐，或登高临下，或列坐水

① 参见[西晋]石崇，《金谷诗序》。

② 参见[西晋]石崇，《思归引序》。

③ 参见[南朝宋]刘义庆，《世说新语·企羡》。

滨。时琴、瑟、笙、筑，合载车中，道路并作；及住，令与鼓吹递奏。遂各赋诗以叙中怀，或不能者，罚酒三斗。

——[西晋]石崇，《金谷诗序》

回溪萦曲阻，峻阪路威夷。

绿池泛淡淡，青柳何依依。

滥泉龙鳞澜，激波连珠挥。

前庭树沙棠，后园植乌椑。

灵囿繁石榴，茂林列芳梨。

饮至临华沼，迁坐登隆坻。

玄醴染朱颜，但愬杯行迟。

扬桴抚灵鼓，箫管清且悲。

——[西晋]潘岳，《金谷集作诗》

望风整轻翮，因虚举双翰。

朝游情渠侧，日夕登高馆。

——[西晋]枣腆，《赠石季伦诗》

虽然名为“雅集”，但是金谷园内热闹喧嚣，洋溢着一派纸醉金迷的“红尘”气息；虽举办于山水之间，但其重点在于“宴饮交往”，而不是“山水林泉”。这种性质的山水宴饮活动在六朝时期的北方地区比比皆是。

（元）或性爱林泉，又重宾客。至于春风扇扬，花树如锦，晨食南馆，夜游后园，僚寀成群，俊民满席。丝桐发响，羽觞流行，诗赋并陈，清言乍起，莫不饮其玄奥，忘其褊郄焉。是以入彧室者，谓登仙也。

——[北魏]杨衒之，《洛阳伽蓝记》

（世宗时，夏侯道迁）于京城西，水次之地，大起园池，殖列蔬果，延致秀彦，时往游适，妓妾十余，常自娱兴。

——[北齐]魏收，《魏书·夏侯道迁传》

（高澄）于邺东起山池游观，时俗眩之。孝瑜（高澄之子）遂于第作水堂、龙舟，植幡矟于舟上，数集诸弟宴射为乐。武成幸其第，见而悦之，故盛兴后园之玩，于是贵贱慕斅，处处营造。

——[唐]李百药，《北齐书·高孝瑜传》

看看江南。

谢灵运曾对比过自己的始宁山居与石崇的金谷园，首先是庄园主对于山水态度的不同：谢灵运“谢平生于知游，栖清旷于山川”[①]，石崇“晚节更乐放逸，笃好林薮，遂肥遁于河阳别业”[②]，前者要“栖清旷于山川”，后者则是“更乐放逸，笃好林薮”。显然石崇对山水林薮的喜好是基于此处更适合“放逸”，而谢灵运对于山水的爱就纯粹许多，是爱山水本身。

① 引自[南朝宋]谢灵运，《山居赋并序、注》。

② 引自[西晋]石崇，《思归引序》。

谢灵运评价石崇金谷园："金谷之丽，石子致音徽之观。徒形域之荟蔚，惜事异于栖盘"[①]。

在谢灵运看来，虽然金谷园奢华壮丽，但其主人却只是借用山水获取肤浅的音色享受，而没有意识到山水能够帮助内心触及真正的平和快乐。

显然，在江南人眼中，举办宴饮的山水不只是丰厚的物产与享乐的场所，更是审美的对象与哲思的空间。江南与中原对待山水的差异被永和九年的兰亭诗作深深地烙刻下来。

虽无丝与竹，玄泉有清声。

虽无啸与歌，咏言有余馨。

——[东晋]王羲之，《兰亭诗二首·其一》

春咏登台，亦有临流。怀彼伐木，肃此良俦。

修竹荫沼，旋濑荣丘。穿池激湍，连滥觞舟。

——[东晋]孙绰，《兰亭诗二首·其一》

肆眄岩岫，临泉濯趾，感兴鱼鸟，安兹幽峙。

——[东晋]王丰之，《兰亭诗》

主人虽无怀，应物寄有尚。

宣尼邀沂津，萧然心神王。

数子各言志，曾生发奇唱。

今我欣斯游，愠情亦暂畅。

——[东晋]桓伟，《兰亭诗》

---

① 引自[南朝宋]谢灵运，《山居赋并序、注》。

集会留下的37首诗及序中无一提及鼓乐姬女，而是着眼于体察山水之美、感受因山水而产生的欣喜，分享与同好并赏山水的满足，江南山水间宴集的“清雅”特质扑面而来。从此以后，“雅”便成了文人宴饮集会的基本要求和最高宗旨，“散怀山水”取代了“宴饮华池”，“玄泉咏言”置换了“鼓吹递奏”，山水集宴真正成为文人怡情山水，追求自然、自由、旷达和美好生活的“雅”集。

兰亭雅集，孙绰亦作一序。

古人以水喻性，有旨哉斯谈！非以停之则清，混之则浊邪？情因所习而迁移，物触所遇而兴感，故振辔于朝市，则充屈之心生；闲步于林野，则辽落之志兴。仰瞻羲唐，邈已远矣，近咏台阁，顾深增怀。为复于暧昧之中，思萦拂之道，屡借山水，以化其郁结，永一日之足，当百年之溢。

以暮春之始，禊于南涧之滨，高岭千寻，长湖万顷，隆屈澄汪之势，可为壮矣。乃席芳草，镜清流，览卉木，观鱼鸟，具物同荣，资生咸畅。于是和以醇醪，齐以达观，决然兀矣，焉复觉鹏鷃之二物哉！

——[东晋]孙绰，《三月三日兰亭诗序》

孙绰（314—371年），字兴公，太原中都（今山西平遥）人，东晋大臣、文学家、书法家。生于会稽，博学善文，放旷山水。

孙绰在他的兰亭之序中认为山水可移人性情，解人愁思。若长久处于争名于朝、争利于市的环境中，不免利欲熏心，忧愁遂生，解脱之法便是“屡借山水，以化其郁结”，借山水的自然情趣来陶冶性情，解除心中郁结。通过山水间的芳草、清流、卉木与鱼鸟，孙绰感悟到了“具物同荣，资生咸畅”的心物一体，体会到了自我与世界万物之间的情感互动，达到了情景交融。“以人之性情通山水之性情，以人之精神合山水之精神，并与天地之性情、精神相通相合矣。”①

“一咏一觞真足乐”，江南人便如此借助兰亭山水到达了“情景妙和”的至高境界。

① 引自[清]朱庭珍,《筱园诗话·卷一》。

六、

虎石据西江，钟山临北湖——虎踞龙盘的帝王山水

（一）王气

东汉建安十三年（208年），孙权、刘备联军在长江赤壁（今湖北赤壁西北）大破曹军，是中国历史上又一场以少胜多、以弱胜强的著名战役。赤壁之战的失利重挫了曹操统一全国的霸业，孙、刘双方借胜利发展壮大自身实力，形成天下三分的雏形，奠定了三国鼎立的基础。

建安十四年（209年），孙权将治所从吴县（今江苏苏州）迁到了京口（今江苏镇江），京口的地理位置更靠近北方，也更接近上游的荆州，更利于孙权向北或向西扩张。

建安十六年（211年），孙权将治所从京口（今江苏镇江）迁到了秣陵（今江苏南京），于第二年修筑石头城，改秣陵为建业。

曹魏黄初二年（221年），孙权迁都鄂州，改鄂州为武昌，修筑武昌城。

曹魏太和三年（229年），孙权于武昌登基称帝，建国号为吴。九月，迁都建业。南京以“王朝都城”的身份开始了大规模的城市建设，也开启了其“六朝古都”的辉煌历史。

曹魏咸熙二年（265年）九月，孙皓迁都武昌，但仅一年后便还都建业，此后直至西晋咸宁六年（280年）孙吴投降西晋，建业作为都城的历史才暂时结束。

东晋建武元年(317年)，西晋宗室琅邪王司马睿于建康重建晋王朝，史称东晋，改建邺(西晋时改建业为建邺)为建康，定都于此，历经103年。东晋之后，南朝的宋(420—479年)、齐(479—502年)、梁(502—557年)、陈(557—589年)四个王朝相继以建康为都城。隋开皇九年(589年)隋平陈，将城中建筑荡平拆毁，垦为农田，再次改建康为秣陵。

作为秦汉一统之后中国历史上第一次大分裂时期南方政权的都城，建康(建业)是长江以南地区第一个可以与中原相抗衡的政治中心。其能够成为都城，是政治、经济、军事等众多因素交织博弈后的结果。

其中，最为人们所津津乐道的一个原因是“金陵王气”。古人认为山水走势汇聚成就了此处的“王气”，于是，便有多位帝王凿山穿脉以倾泄王气或汇聚王气，这些帝王早自先秦，晚至明代，用千余年的时光孜孜不倦地与“王气”相争。

最早干这事的是楚威王。

> 昔楚威王见此有王气，因埋金以镇之，故曰金陵。
>
> ——[北宋]乐史，《太平寰宇记·江南东道二·升州》

楚威王认为这个地方的山形水势有王气，便埋金以镇王气，金陵也成了此地的地名。埋金，是古代一种厌(通

“压”）胜之术，取“压而镇之”之意，楚威王在山中埋金以镇压此处的王气。

第二位镇王气的是秦始皇。

> 秦并天下，望气者言江东有天子气，乃凿地脉，断连冈，因改金陵为秣陵。属丹阳郡，故丹阳记云始皇凿金陵方山，其断处为渎，则今淮水经城中，入大江，是曰秦淮。
>
> ——[北宋]乐史，《太平寰宇记·江南东道二·升州》

秦始皇与楚威王相比，镇压王气的方法愈加大手笔，直接改变了山水的原始状态，将方山挖断，改秦淮河水北流穿城而过，以达到倾泻王气的目的。再将金陵改称秣陵，秣，草料；秣陵即牧马场。

第三位镇王气的是孙吴末帝孙皓。

> 姑熟（今安徽当涂，为六朝时南京西南藩篱）西北有甘宁墓，孙皓时，占者云，墓有王气，皓凿其后十许里曰直渎。
>
> ——[北宋]李昉等，《太平御览·地部四十·渎》

孙皓采取了与秦始皇类似的手法，直接改变山水地貌，开凿水道，倾泻王气。

第四位是明代开国皇帝朱元璋，当朱元璋将南京定为国都时，他对南京的山川形胜必是大体满意的，但自然山川显然不能完全符合帝王的要求，其中，牛首山和钟山西南麓的花山便不太让朱元璋满意。

牛首山位于南京城南约20里处，从南京城南望，牛首山东西两峰争高，如一对牛角。东晋丞相王导认为此山是建康城的“天阙”。

> 大兴中，议者皆言汉司徒义兴许彧墓二阙高壮，可徙施之。王茂弘弗欲。后陪乘出宣阳门，南望牛头山两峰，即曰：此天阙也，岂烦改作？帝从之。
>
> ——[北宋]李昉等，《太平御览·居处部七·阙》

东晋有臣僚提议将许彧墓前高大的双阙移建至都城外，丞相王导认为不妥，在某次随晋元帝出宣阳门的时候，指着远处牛首山双峰说：“这就是天地造化而成就的天阙啊，哪里还需要移建人造的阙呢？”晋元帝不仅赞成王导的看法，还把牛首山改为天阙山。

阙到底是什么重要的事物呢？许彧墓前要有，建康城的城门前也要有。

> 阙，观也。古每门树两观于其前，所以标表宫门也。其上可居，登之则可远观，故谓之观。
>
> ——[西晋]崔豹，《古今注·都邑第二》

阙，成对设置在古代的皇宫正门前或城邑正门前，两阙之间便是进出城邑或皇宫的中轴大道，通过标表宫门与城门烘托帝王的威严，久而久之，便有了“宫阙”一词。从汉代开始，阙也被用在宗庙、陵墓的正门前，作为显示门第、区别尊卑的一种建筑，便有了“陵阙”一词。

> 箫声咽，秦娥梦断秦楼月。
> 秦楼月，年年柳色，灞陵伤别。
> 乐游原上清秋节，咸阳古道音尘绝。
> 音尘绝，西风残照，汉家陵阙。
>
> ——[唐]李白，《忆秦娥·箫声咽》

王导指出牛首山是天工造就的建康城阙，不仅比人工的阙要高大雄伟千百倍，还暗示了此处天然的山川形胜非常适合帝王建都，司马睿当然会欣然接受。

如此浑然天成的城阙，朱元璋不满在哪里呢？

> 高帝既都金陵，观山川形胜，势皆内辅，惟牛首山外向。乃特定其罪，杖之百下，发令太平府编置。
>
> ——[明]杨仪，《明良记》

朱元璋观南京山川后认为周回山峦大都面向都城，呈拱卫环护之姿，只有牛首山背主南望，于是，朱元璋便别出心裁地动用天子特权定牛首山之罪，杖责一百，以此改变牛首山背主之势。

当然，朱元璋也会用相对常规的方法来优化山水形胜。

> 钟山西南一冈，势若飞走，每视即与旧形不同，乃用铜钉数丈埋山中，筑于城下，曰："以成为索，缧以絷之。"
>
> ——[明]杨仪，《明良记》

钟山西南一冈便是今钟山西南麓的花山，朱元璋先是用了楚威王"埋金厌胜"的方法，再把山头凿掉，砌城墙于上，视城墙为锁链牢牢盘住花山。

从楚威王到明太祖，不管这些帝王如何折腾，古代南京周边的山川形态变化并不大，三国时孙吴谋臣张纮仍然以"王气"之说劝孙权将治所从京口（今江苏镇江）迁来。

> 秣陵，楚威王所置，名为金陵。地势冈阜连石头，访问故老，云昔秦始皇东巡会稽经此县，望气者云金陵地形有王者都邑之气，故掘断连冈，改名秣陵。今处所具存，地有其气，天有所命，宜为都邑。
>
> ——[西晋]陈寿，《三国志·吴书八·张纮传》

虽然被楚威王埋金厌胜，被秦始皇凿脉断冈，但是张纮坚信南京地区"处所具存，地有其气，天有所命"，仍然是可以开创大业的龙兴之地。张纮笼统地描述山川形胜“处所具存”，但到底是什么样的山水形态使得“地有其气”，却并未有细说。其后的诸葛亮终于点出了南京地区“山川形势”与“王气”之间的具体关联。

> 刘备曾使诸葛亮至京，因睹秣陵山阜。叹曰：钟山龙盘，石头虎踞，此帝王之宅。
>
> ——[北宋]李昉等，《太平御览·州郡部二·叙京都下》

目前考见最早的南京方志《丹阳记》进一步解释了诸葛亮所谓的“虎踞龙盘”。

> 京师南北并连山岭，而蒋山（即钟山）岧峣嶷异，其形象龙，实作扬都之镇。诸葛亮云“钟山龙盘”，盖谓此也。
>
> ——[南宋]周应合，《景定建康志·山川志一·山阜》
>
> 石头城，吴时悉土坞。义熙始加砖、累石头，因山以为城，因江以为池，形险固，有奇势。故诸葛亮曰：“钟山龙盘，石城虎踞。”良有之矣。
>
> ——[北宋]李昉等，《太平御览·居处部二一·城（下）》

南宋的《景定建康志》再进一步，指明了构成龙盘与虎踞的具体山岭；确定了聚宝山与覆舟山限定出的区域正是王气所在；梳理了南京地区周回的主要水体。

钟山来自建邺之东北而向乎西南，大江来自建邺之西南而朝于东北。由钟山而左，自摄山、临沂、雉亭、衡阳诸山以达于东，又东为白山、大城、云穴、武冈诸山以达于东南，又东南为土山、张山、青龙、石硊、天印、彭城、雁门、竹堂诸山以达于南，又南为聚宝山、戚家山、梓潼山、紫岩、夏侯、天阙诸山以达于西南，又西南绵亘至三山而止于大江。此亮（指诸葛亮）所谓龙盘之势也。由钟山而右，近之为覆舟山，为鸡笼山，皆在宫城之后。（《东南利便书》曰："吴太初宫、晋太初宫及我朝宫城，皆北接覆舟山之麓，牛首在其前，即王导所谓天阙是矣。"）又北为直渎山、大壮观山、四望山以达于西北，又西北为幕府、卢龙、马鞍诸山以达于西，是为石头城，亦止于江。此亮所谓虎踞之形也。其左右群山，若散而实聚，若断而实续，世传秦所凿断之处，虽山形不联，而骨脉在地，隐然相属，犹可见也。（左则方山、石硊山之间，右则卢龙山、马鞍山之间，耆老相传，皆以为秦始皇凿断长陇之所。）石头在其西，三山在其西南，两山可望而挹。大江之水横其前，秦淮自东而来，出两山之端而注于江，此盖建邺之门户也；覆舟山之南，聚宝山之北，中为宽平宏衍之区，包藏王气，以容众大，以宅壮丽。此建邺之堂奥也；自临沂山以至三山，围绕于其左，自直渎山以至石头，溯江而上，屏蔽于其右，此建邺之城郭也。元武湖（即玄武湖）注其北，秦淮水绕其南，青溪萦其东，大江环其西，此又建邺天然之池也。形势若此，帝王之宅宜哉！

——[南宋]周应合，《景定建康志·山川志序》

《景定建康志》还专门绘制了一张建康周边山水走势的地图，命名为《龙盘虎踞图》，图文并茂地阐释了南京地区“山水形胜”与“王气”之间的关联。

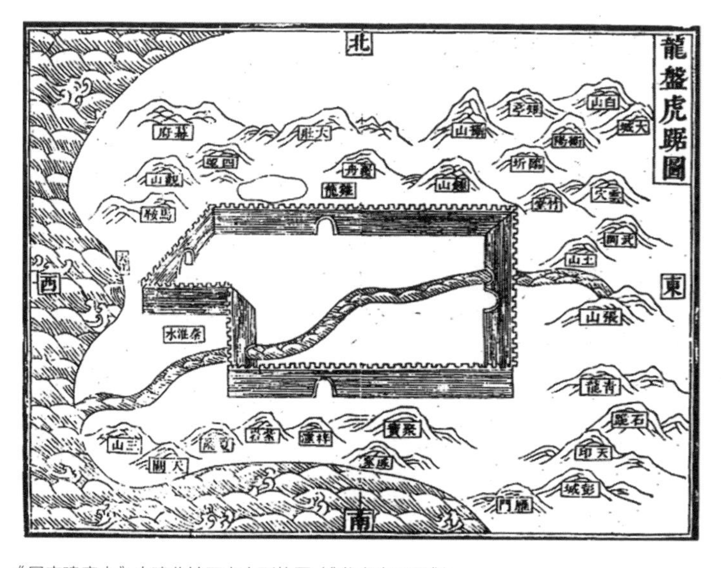

《景定建康志》中建业地区山水形势图（《龙盘虎踞图》）

（二）攻守

所谓“王气”，当然是虚无缥缈的东西，是强调建康山水形胜适合半壁王朝建都的一种说辞而已。如果抛开对于“王气”的附会，建康山水到底形胜在何处呢？

建康地处长江下游南岸，建都于此的王朝多是只拥有南方半壁江山的政权，它们始终处于与北方政权的军事对抗之中，也就意味着其都城必须在弱势时能抵御住进攻，在强势时能组织起北伐，必须居于“进可以战，退足以守”，“进无不利，退有所归”的攻守皆宜之处。

建康正是长江以南地区最符合“攻守皆宜”标准之处。

首先，宏观山水的屏障优势。

当北方政权的千军万马南下渡江时，大量的船只是必不可少的，而南方政权必不会坐以待毙，看着北方军队在长江北岸造船。北方政权必须要拥有一处与长江相通同时又在自身境内的水道，平时用来建造船只与训练水军，战时用来输送兵力与军备物资。

长江作为我国第一大江河，绵延6000多公里，但是符合上述条件的水道却非常稀缺，只有两条：汉水和邗沟。

北方政权如果控制了汉水，再进一步控制住襄阳（今湖北襄阳），既可南下至一箭之地的江陵（今湖北荆州）控扼住长江中下游，又可直接顺汉水到夏口（今湖北武汉）进入长江。故而，襄阳、江陵和夏口三地构筑的防御体系对南方政权非常重要，也是历来的兵家必争之地。

邗沟是春秋时期吴国开凿的连通长江与淮河的运河，而淮河流域的水路又四通八达，所以对于南方政权来说，在长江下游地区，“守江必守淮”，如果丢了淮河，则北方军队顺着邗沟便可直达广陵（今江苏扬州），隔江相望便是京口（今江苏镇江）。

建康位于夏口与京口之间，其优势在于：“西引荆楚之固，东集吴会之粟。”①

建康可将江陵、夏口所在的荆楚地区作为屏障地带，更好地巩固自身的防守，东面则可以京口和广陵地区作为缓冲。同时，江南地区畅通的水网可将最为富庶的吴郡、吴兴郡及会稽郡组成的三吴地区（大致相当于太湖平原和宁绍平原）的钱粮输送至建康。

东晋开国丞相王导，不仅巧妙地将牛首山作为建康“天阙”介绍给晋元帝，还具有高瞻远瞩的大局观，洞察了建康的地理优势：“经营四方，此（指建康）为根本。盖舟车便利，则无艰阻之虞；田野沃饶，则有展舒之藉。金陵在东南，言地利者，自不能舍此而他及也。”②

其次，中观山水的防御优势。

建康地区周边围合的山水具备优质的防御能力。山系以钟山为节点分为两脉：一脉从钟山向东北，再折向南，

① 引自[清]顾祖禹,《读史方舆纪要·卷二十》。

② 同①。

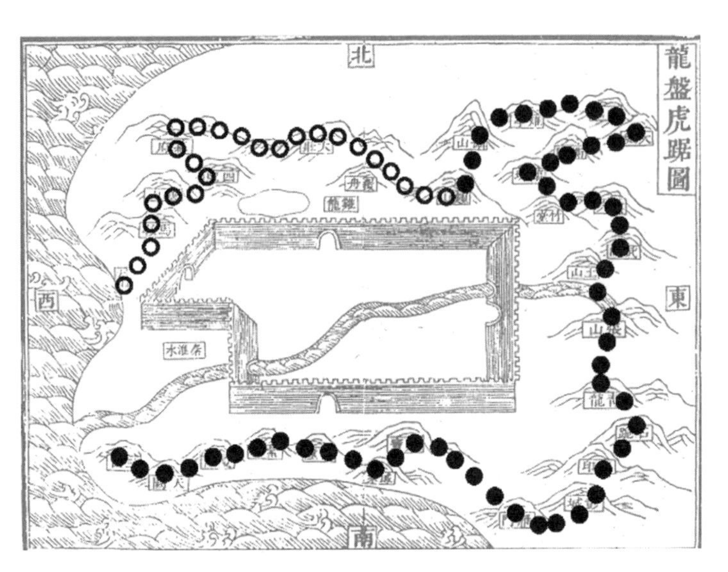

建康地区中观山水防御围护示意图

最后折回西南，止于秦淮河与长江交汇口南岸，谓之龙盘；一脉从钟山向西，至西北，折向南，止于秦淮河与长江交汇口北岸，谓之虎踞。“龙盘虎踞”的连绵山势将建康地区限定为一个有围护结构、自我封闭又具备一定规模的空间，这种性质的空间在冷兵器时代非常利于防御，这也正是从诸葛亮到《丹阳记》再到《景定建康志》反复强调的优势。

宽阔的长江又为建康的防御上了第二重保险。“长江千里，险过汤池，可敌十万之师。”[①] 建康附近的长江江面宽度超过千米，在冷兵器时代是绝对的“天险”，这道千

① 引自[南宋]周应合，《景定建康志·山川志·江湖（淮附）》。

余米宽的“城壕”与建康北侧和西侧的山系共同组成了不可能突破的防御体系。

石头山，今称清凉山，作为“虎踞”的“虎头”雄踞于建康西侧。六朝时的长江就于石头山下从南向北流过，秦淮河在此处汇入长江，春秋时楚威王于此江、河与山的交汇之处设金陵邑，孙吴时改筑为石头城，成为建康地区因山而筑的最重要的军事堡垒之一，山下的长江中，便有孙吴最重要的水军军事基地。

覆舟山北面的元武湖，今称玄武湖，古称桑泊，因位于建康城北，又称后湖、北湖。元武湖六朝时的湖域面积是现存湖域的四倍多，其西北侧直通长江，此湖不仅是建康城重要的淡水水源地，天然“城壕”的一部分，还是操练水军的军事基地。东晋咸和年间，军事堡垒白下城于元武湖旁的狮子山处建成，南朝齐时升格为南琅邪郡的治所，也称为琅邪城。《南史》中便有诸多玄武湖、琅邪城作为军事基地被皇帝巡幸的记录。

> （南朝齐永明五年）九月壬寅，于琅邪城讲武，习水步军。
>
> ——[唐]李延寿，《南史·梁武帝本纪》
>
> （南朝齐永明九年）九月戊辰，幸琅邪城讲武，观者倾都，普颁酒肉。
>
> ——[唐]李延寿，《南史·梁武帝本纪》
>
> （南朝齐武帝）车驾数幸琅邪城，宫人常从，早

发，至（元武）湖北埭，鸡始鸣，故呼为鸡鸣埭。

——［唐］李延寿，《南史·武穆裴皇后传》

永明末，（南朝齐）武帝欲北侵，使毛惠秀画汉武北伐图，融因此上疏，开张北侵之议。图成。图成，上置琅邪城射堂壁上，游幸辄观焉。

——［唐］李延寿，《南史·王融传》

除了元武湖外，六朝建康地区还有秦淮河和青溪两处天然水体。秦淮河，古名“淮水”，东吴时宽约300米，横贯建业地区腹地，由丘陵山区山溪汇集而成，它既是建业重要的水源，又可通舟楫运输钱粮，还是建业城南的一道防御城壕。青溪，发源于钟山，注入钟山西南麓的前湖，前湖于南朝梁时期改称燕雀湖。

东晋以后，随着南北对峙的局面逐渐稳定，统治阶级的享乐活动日益增多，本是助力军事防御与都城生产生活的山水资源逐渐被开发为统治阶级的享乐场所。元武湖与其周边的鸡笼山、覆舟山、钟山等成为建康城最著名的风景区，因毗邻皇城，皇家苑囿多建于此，南朝宋时在元武湖北修建了上林苑，在覆舟山南修建了乐游苑。世家贵族则纷纷在青溪与秦淮河两岸营建园林别墅。

典午时，京师鼎族多在青溪左及潮沟北。俗说郗僧施泛舟青溪，每一曲作诗一首，谢益寿闻之曰：“青溪中曲复何穷尽也。”

——[唐]许嵩，《建康实录·卷二》

(朱)异及诸子自潮沟列宅至青溪。

——[唐]姚察、姚思廉，《梁书·朱异传》

南朝鼎族多夹青溪，江令(即江总)宅尤占胜地。

——[南宋]张敦颐，《六朝事迹编类·宅舍门》

理解了建康宏观与中观山水的优势之后，再回看孙吴政权不断迁移统治中心的过程，其实就是南方政权在试错中不断接近都城最优解的过程，这个最优解便是建康，之后的东晋及南朝的四个政权都未再迁都，正是吸取了孙吴的经验教训，直接复制了孙吴的正确答案。

孙吴先是从三吴腹地的吴县（今江苏苏州）西迁至京口（今江苏镇江），再从京口（今江苏镇江）西迁至建业。这个一路向西的过程反映了三吴地区虽然富庶，但是过于退居后方，这不利于对整个长江中下游地区的掌控，也不利于北征中原。

此后孙吴政权有两次在武昌（今湖北鄂州）与建业之间的摇摆，其实是在尝试进一步西迁，武昌离夏口（今湖北武汉）和江陵（今湖北荆州）可谓咫尺之遥，定都于此，便基本是直面前线，失去了“引荆楚之固”的屏障优势，而且从三吴地区输送的钱粮都要长途逆水而上，故而孙吴政权两次摇摆之后都最终还是选择东归建业，还留下了一首著名的童谣。

宁饮建业水，不食武昌鱼。

宁还建业死，不止武昌居。

——[孙吴]《吴孙皓初童谣》

对于只拥有半壁江山的南方政权来说，一方面要时刻警惕北方军队南下，另一方面又要寻找合适的时机北征，政权大部分时间都处在据守与北征的博弈之中。建康山水所提供的“攻守皆宜”之优势与南方政权“攻守博弈”的国势不谋而合，建康成为都城既是历史的选择，也是最优的选择。

（三）风水

若用园林景观专业的眼光，从宏观山水与中观山水的角度去解读建康山水，得出的结论与古人是相同的，此处确实是当时南方政权最佳的建都之地，而古人所谓“望气”“王气”之说，也是他们的一种专业上的说法，这个专业被称为“风水术”。

风水术，又称堪舆术、相地术，是综合地脉、山形、水流、坐向等因素后对城市、村庄、住宅、墓地的选址与营建进行吉凶评判的一种方法。风水术起源非常之早，商周之时已有迁都营邑相地相宅的记载，周族部落首领姬刘率领周人从北豳（今甘肃庆城、宁县）迁至豳（今陕西旬邑），为周族的崛起奠定了基础。族群聚居地的迁移是关乎整族未来生死的大事，对未来聚居环境的评价判断要慎之又慎。

> 笃公刘，既溥既长，既景乃冈，相其阴阳，观其流泉。
>
> ——[春秋]孔丘，《诗经·大雅·公刘》

姬刘到达豳地以后选择了一个宽广的地方（既溥既长），辨明方位（既景），丈量山丘（乃冈），勘察山南山北的环境（相其阴阳），勘明水源和水流（观其流泉）。这些行为是古人相地的方法，他们通过对自然山水的勘察来掌控区域地形地貌，进而判断生存环境的优劣。

春秋战国时期是我国古代城邑建设的第一个高潮，随之也开始归纳总结城邑选址的经验与思想，城邑与山水的关系是其中至关重要的一环。

> 凡立国都，非于大山之下，必于广川之上。高毋近旱，而水用足；下毋近水，而沟防省。因天材，就地利，故城郭不必中规矩，道路不必中准绳。
>
> ——[春秋]管仲，《管子·乘马》

《管子·乘马》系统总结了城址选择时高亢、近水、向阳、避寒、避风的诸多原则，这些原则都与城址周围的山与水紧密相关。

秦汉时期“天人合一”的天人感应说形成，阴阳、三才（天、地、人）、五行（金、木、水、火、土）、八卦（乾、坤、震、巽、离、坎、艮、兑）构建出天人合一的宇宙框架，成为认识世界的思想准则，为风水术从经验与直觉升华为理论奠定了哲学基础，产生了风水术最早的两种理论模式——堪舆与形法。

堪舆在春秋典籍《淮南子·天文训》中的本义为勘度北斗星的运行，东汉时训诂学大家许慎将其引申解释为“勘，天道也；舆，地道也”[①]，认为堪舆是“天地之道”，通过天文星象判断城邑和建筑选址的吉凶。

形法是通过观察事物的表象之形来判断其后发展的优劣吉凶，古人不仅相地，还相人、相畜，相一切有形可相之物，并将无形的气与有形的物相关联，认为两者是一里一表的有机整体。

> 形法者，大举九州之势以立城郭室舍形，人及六畜骨法之度数、器物之形容，以求其声气贵贱吉凶。犹律有长短，而各征其声，非有鬼神，数自然也。然形与气相首尾，亦有有其形而无其气，有其气而无其形，此精微之独异也。
>
> ——［东汉］班固，《汉书·艺文志》

① 引自［东汉］许慎，《说文解字》。

堪舆术中“天人合一”的思想，形法术中“形气相随”的理念指导着秦汉时期城邑与建筑的选址与营建，秦都咸阳便是最具代表性的案例。

> 二十七年……作信宫渭南，已更命信宫为极庙，象天极。
>
> ——[西汉]司马迁，《史记·秦始皇本纪》
>
> 始皇兼天下，都咸阳，因北陵营殿，端门四达，以则紫宫，象帝居。渭水贯都，以象天汉；横桥南渡，以法牵牛。
>
> ——[唐]《三辅黄图》

穿咸阳而过的渭水对应着天上的银河（天汉），跨渭水的横桥对应阁道星（牵牛），咸阳宫对应象征天帝宫室的紫微垣，更名为极庙的信宫对应北极星（天极），这便是堪舆术“天人合一”思想指导下秦都咸阳模拟天体星宿形态的“象天”。

秦咸阳规划不仅“象天”，而且“法地”，在勘察咸阳所在的关中平原的周回山川之后，将整个关中平原纳入京畿的规划之中，峰峦为垣，黄河为壕，终南为阙，山谷为关。

> 自殿（指阿房宫）下直抵南山，表南山之巅以为阙。
>
> ——[西汉]司马迁，《史记·秦始皇本纪》

始皇表河以为秦东门，表汧以为秦西门。

——[唐]张守节，《史记正义》

关中平原北侧从西到东横卧着北山山系，被视为咸阳的北垣；南端横亘着秦岭，是咸阳的南垣，终南山的最高峰便是咸阳南大门；东侧的黄河是东垣，渭河入黄河的河口是咸阳东大门；西端汧水入渭河的河口则为咸阳西大门。这种充分利用自然山水条件，并与城邑规划相结合的做法正是秦时风水术形法理念的体现。

天文与地理，星宿与山水，经由堪舆与形法，完美融合在了秦都咸阳的规划与建设中，展现了秦人经纬天地的理念与智慧。

六朝乱世使两汉经学所构建的“天人感应”的理想世界崩溃，汉末南渡的贵族阶层由寒冷干燥的中原地区迁居到了温热潮湿的江南地区，人文环境与物质环境双重剧变之下，风水术也继续演化，建构起了新的理论体系，这套体系认为“生气”是自然化育万物的内因，而风水术则以寻找“生气”充盈之地为目标，即寻龙点穴。

气乘风则散，界水则止。古人聚之使不散，行之使有止，故谓之风水。风水之法，得水为上，藏风次之。

——[东晋]郭璞，《葬经》

《葬经》不仅是“风水”一词的最早出处，还阐述了寻龙点穴的相地方法与评判标准。该书不仅认为上吉之地要有山有水，而且对山和水的方位、形态、走势、规模等作了详细的区分、评判与解读，将山、水与天文中的青龙、白虎、朱雀、玄武四象关联，这是后世风水的理想图式“四象模式”的滥觞。

如果不理解“四象模式”的内在合理性，简单地认为“王气”是虚无缥缈的东西，“青龙、白虎、朱雀、玄武”是对天象的简单附会，便会将风水术归为毫无科学根据的迷信之流。但若梳理过风水术的起源与发展，便可知晓风水术是借用玄秘的语言对自身的理论体系进行了包装，其理论内核是以客观勘察事物为出发点，运用经验进行研判的一种朴素的环境观。如果剥去其晦涩玄虚的包装外壳，就可以看到其与现代环境学相吻合的科学合理的部分。

> 所谓风者，取其山势之藏纳……不冲冒四面之风与无所谓地风者也。所谓水者，取其地势之高燥，无使水近夫亲肤而已，若水势屈曲而环向之，又其第二义也。
>
> ——[明]乔项，《风水辩》

这是在讲如何有效地利用山势遮挡寒风，利用流水生产生活。

> 水抱边可寻地，水反边不可下。
>
> ——[清]汪志伊，《堪舆泄密》

这是在讲河流环绕之地可以作为城邑村落的基址，而河流反向的地块则不适合。从科学的角度分析，河道会因水流的惯性随着时间的推移慢慢向弯曲的外侧偏移，河曲内侧土地不仅会变大，而且新形成的土地地势平整、土壤肥沃，适宜耕种，而河曲外侧则面临着被河水淹没的危险。

> 凡宅左有流水谓之青龙，右有长道谓之白虎，前有淤池谓之朱雀，后有丘陵谓之玄武，为最贵地。
>
> ——[明]王君荣，《阳宅十书·论宅外形第一》

这是进一步演化的“四象模式”，四围之山演变为北山、南池、东河、西路。北面的高山可阻挡冬天寒冷的朔风，南面的池塘可提供生产生活用水，东面的流水保障了用水的清洁卫生，西面的道路则便利了与外界的往来。

> 靠山起伏，高低错落……外山外水，层层护卫的发福发贵之地。
>
> ——[民国]佛隐，《风水讲义》

山外有山，水外有水，层层护卫，说明这是一个自然环境非常优越、植被绿化非常理想的场所，也便意味着这里的山林能够提供建设所需的薪材、生活所需的动植物资源、生产所需的灌溉水源，这当然是发福发贵之地，即风水术中所说的“风水宝地”。

回看建康城的山水环境，古人相地的眼光与经验确实有可取之处。但正所谓天时、地利、人和，风水术或许可以窥见星象天时，寻到山水地利，却对政通人和无可奈何。

南朝整个社会沉溺玄理的空谈风气、高门士族的人才鸿沟注定了南朝各政权无法打开新的局面，也注定了其走向灭亡的结局。王气、埋金、斩龙脉，虎踞、龙盘、帝王州，便也只能成为惋叹的代名词反复出现在后人的凭吊之中了。

王濬楼船下益州，金陵王气黯然收。
千寻铁锁沉江底，一片降幡出石头。
人世几回伤往事，山形依旧枕寒流。
今逢四海为家日，故垒萧萧芦荻秋。

——[唐]刘禹锡，《西塞山怀古》

七、乱峰围绕水平铺——历久弥新的西湖景观

（一）世界遗产

2011年6月24日，巴黎的联合国教科文组织（UNESCO）总部大楼里正在审议2011年新提名的世界遗产申报项目，当天也是杭州西湖文化景观接受审议的日子。承担文化遗产评估工作的国际古迹遗址理事会（ICOMOS）认为西湖文化景观符合世界文化遗产项目的六大标准中的第二、三、六类价值标准，即交流价值、见证价值和关联价值，建议将西湖文化景观列入《世界遗产名录》。

西湖申遗成功了！

杭州西湖文化景观正式成为中国第41处入选世界遗产的项目，遗产编号为1334。

国际古迹遗址理事会（ICOMOS）技术评估团对西湖的结论性评价为："它是中国历代文化精英秉承'天人合一'哲理，在深厚的中国古典文学，绘画美学，造园艺术和技巧传统背景下，持续性创造的中国山水美学景观设计经典作品，展现了东方景观设计自南宋（13世纪）以来讲求诗情画意的艺术风格，在9至20世纪世界景观设计史和东方文化交流史上拥有杰出、重要的地位和持久、广泛的影响。"

这是国际社会对西湖山水的自然美与人文美的理解。中国传统山水美学中的理念往往只可意会不可言传，加之文化背景的迥异、思维方式的不同以及语言的隔阂，联合国教科文组织的专家更难以理解、体悟何为所谓“天人合一”，何为“诗情画意”。为了能让联合国专家“读懂”西湖文化景观，最终的申遗文本将西湖山水的价值载体凝练为六大物质性的景观要素：秀美的西湖自然山水、“三面云山一面城”的城湖空间特征、独特的“两堤三岛”及其构成的景观整体格局、最具创造性和典范性的系列提名景观“西湖十景”、承载了中国儒释道主流文化的各类西湖文化史迹以及具备历史与文化双重价值的西湖特色植物。

申遗文本用一个极致理性的、物质性的框架，将西湖的历史与文化置入其中，这是讲给外国人听的。

如果是向中国人介绍西湖山水，那完全是另一套表达方式了。

唐人会说：

柳湖松岛莲花寺，晚动归桡出道场。
卢橘子低山雨重，棕榈叶战水风凉。
烟波澹荡摇空碧，楼殿参差倚夕阳。
到岸请君回首望，蓬莱宫在海中央。

——[唐]白居易，《西湖晚归回望孤山寺赠诸客》

孤山寺北贾亭西，水面初平云脚低。
几处早莺争暖树，谁家新燕啄春泥。

乱花渐欲迷人眼，浅草才能没马蹄。

最爱湖东行不足，绿杨阴里白沙堤。

——[唐]白居易,《钱唐湖春行》

宋人会说：

表里湖山极目春，据鞍时此避埃尘。

苍苍烟树悠悠水，除却王维少画人。

——[北宋]林逋,《和谢秘校西湖马上》

水光潋滟晴方好，山色空蒙雨亦奇。

欲把西湖比西子，淡妆浓抹总相宜。

——[北宋]苏轼,《饮湖上初晴后雨》

明人会说：

午刻入昭庆，茶毕，即棹小舟入湖。山色如娥，花光如颊，温风如酒，波纹如绫；才一举头，已不觉目酣神醉，此时欲下一语描写不得，大约如东阿王梦中初遇洛神时也。

——[明]袁宏道,《初至西湖记》

清人会说：

崇祯五年十二月，余住西湖。大雪三日，湖中人鸟声俱绝。是日更定矣，余拏一小舟，拥毳衣炉火，独往湖心亭看雪。雾凇沆砀，天与云、与山、与水，上下一白。湖上影子，惟长堤一痕，湖心亭一点，与余舟一芥，舟中人两三粒而已。

——[明]张岱，《湖心亭看雪》

这些文字描摹景致，也抒发情感；记录游程，也追思先贤；赞叹造化，也叩问内心。在西湖山水间，人会很轻易地与天地通感，与历史联接，与文化共鸣。

这便是西湖山水难以言表的意境。

西湖周边的山海拔都不高，以湖面为中心，从内至外形成三个马蹄形海拔不断抬升的圈层，内圈诸山海拔100米以下，中圈100～300米，外圈200～400米，三个圈层的山体蜿蜒旖旎，层峦叠嶂、绵延不尽之感由此而生。

西湖的水，湖光一色，水波不兴，微微泛起涟漪的湖面很容易让人慢下来，静下来，这种不动声色间的闲淡，最是耐人寻味与回味。

西湖山水的尺度又绝妙得恰到好处，三面群山围合出的空间不大不小，既不局促又不空旷，湖中卧一横一纵两道长堤，点布三个小岛，大小有别五个湖面。游人置身西湖间，举目四望，层次丰富的近景、中景及远景永远如影随形，近景花木复苏，中景水波不兴，远景山势连绵。晴天能看得远一点，可眺远山环亘；阴天只能看得近一些，可赏长堤卧桥；雨天不便举目，便低头数白鱼跳珠；夜

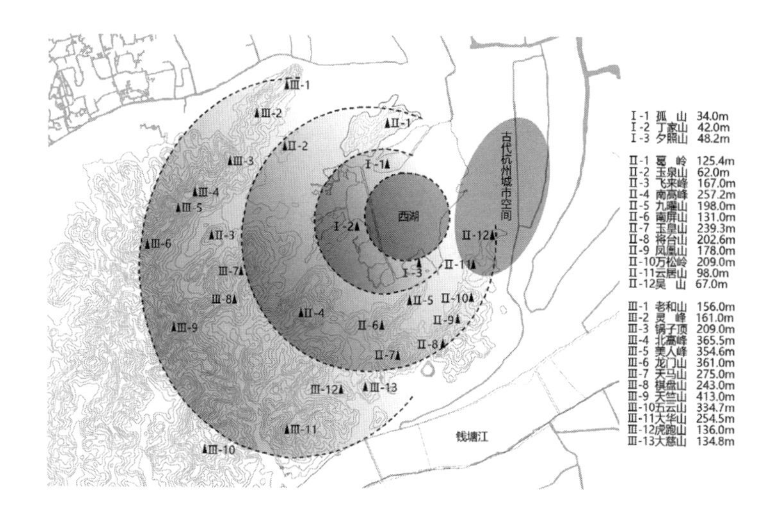

西湖群山海拔的三个马蹄形圈层示意图

晚明月高悬，竟不知天上月与湖中月何者更美。

于是春夏秋冬各有动人之处。

西湖春景，霁晓最宜，柳带朝烟，桃含宿雨，芳草沿堤，与湖流映碧，更见渔舟来往，令人疑入武陵桃源……

西湖夏月，观荷最宜，风露舒凉，清香徐细，傍花浅酌，如对美人倩笑款语也……

西湖观月，秋爽最宜，烟波镜净，上云色□，渔灯依岸，山树霏微，万籁俱寂，景色清奇，一望晴烟破暝幽……

西湖赏雪，初霁最宜。或登天竺高顶及南北两

峰，俯瞰城闉，远眺海岛，则大地山河，银溶汞结，而予以藐然稊米，凌厉刚风，恍欲羽化。次则放舟湖中，周览四山，若秋涛耸涌，璀璨乘飙，而玉树琪花，丽然夺目……

——[北宋]苏轼，《题西湖诗卷》

西湖山水不仅自然条件优异，历史文化内涵也毫不逊色。

国际古迹遗址理事会有一位芬兰专家尤嘎·尤基莱特先生，他于2004年在苏州参加完第28届世界遗产大会之后，应邀来西湖考察，当时距西湖启动申遗已经过去了五年，西湖申遗能否成功、何时成功尚不可知。尤嘎先生在考察西湖之后说："来杭州之前，我并不看好西湖申遗的优势。因为在我的祖国芬兰，有180多个风景优美的湖泊。考察之后，我觉得西湖很有特点，不是一般的风景优美，而是体现了人、自然、文化三者完美的结合。很好，我支持它申遗！"

西湖与周边群山入选《世界遗产名录》的类别是文化遗产下的文化景观，与以自然景观著称的湖泊相比，西湖是人文内涵最丰富的；与以人文景观著称的湖泊相比，西湖又是自然景色最美的。游走于西湖山水间，便是游走在自然与文物之间，游走在园林、宗教、节俗、隐逸、诗书印、茶道文化及文学间，它融溶了历史，诉说着文明。

这是一处自然山水与人文历史深度交融、终臻化境的胜境。

（二）历久弥新

这处胜境，既是天作，也是人造，历万年春秋，经世代打磨。

约10000年前，地球处于最后冰期，地球上冰川覆盖的面积约为现在的3倍，大量的水分冻结在冰川中，洋面比现在要低130～150米，东海大陆架是大片的陆地，西湖尚是一片有溪沟流过的山间谷地，谷地的北、西、南三面环山，东北向开口。

约7000到10000年前，全球转暖，冰川消融，洋面上升，海水从东北侧的口子进入这片山间谷地形成了一个潟湖。

约二三千年到7000年前，海面继续上升，“潟湖”完全与大海相通，成为一个浅海湾，著名历史地理学家陈桥驿先生称之为“武林湾”，宝石山与吴山便是海湾口的两个半岛。

约二三千年前，洋面由迅速上升转为相对稳定或震荡幅度不大的升降阶段，钱塘江河口地区沉积物快速堆积，西湖东侧形成了巨大的沙坎，使武林湾东南部逐渐堵塞，仅留东北方向的一条连海通道，这里再次成为潟湖。

约2500年前，随着钱塘江沙坎的发育，西湖终于封闭，湖水经常年的山溪注入而逐渐淡化，现代的西湖成形了。此时正处于春秋战国时代，吴越争霸正酣，常常“战

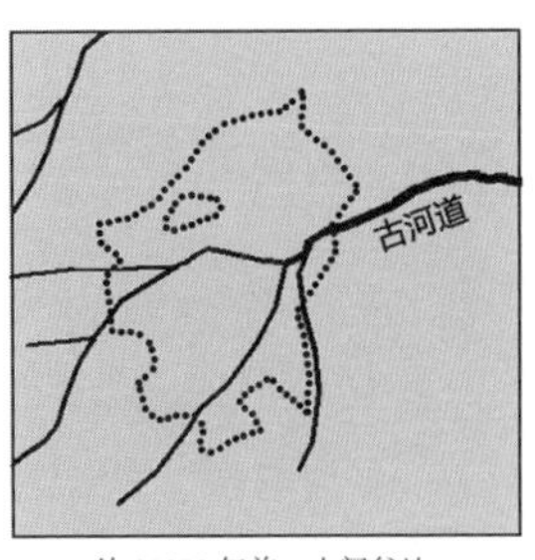

约 10000 年前　山间谷地

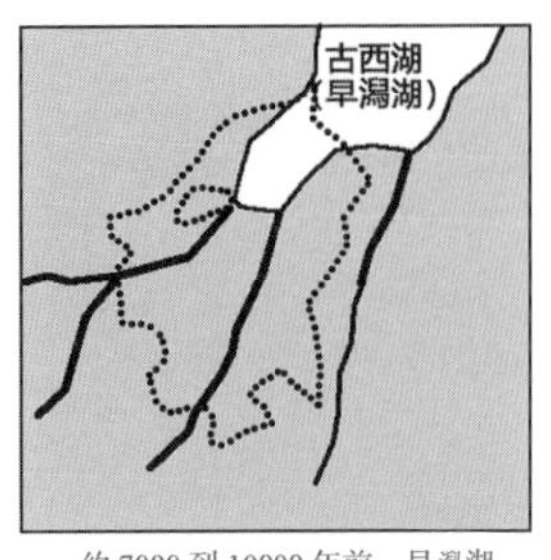

约 7000 到 10000 年前　早潟湖

约两三千年到 7000 年前　西湖海湾

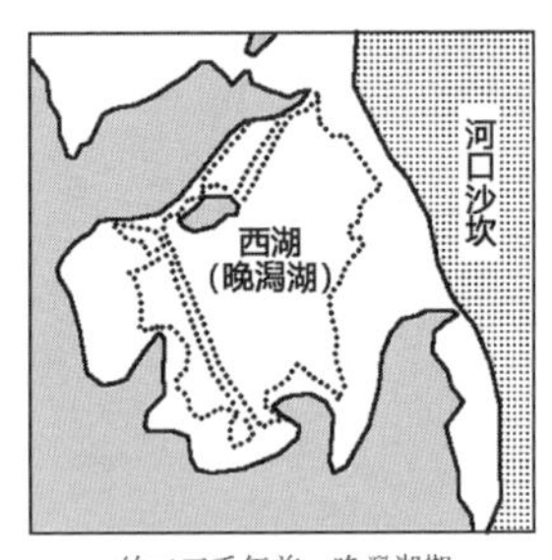

约二三千年前　晚潟湖期

陆地
沙坎
现代西湖轮廓

西湖古地理图

于浙江之上”[①]，西湖所在地是吴越两国的边境，战争的拉锯地区。湖东侧的沙坎发育成冲积平原，成为后世杭州的城池所在地，故而“先有西湖，后有杭州”。

公元前222年，秦置会稽郡辖26县，钱唐县便是今日之杭州，汉承秦制，仍设钱唐为县。秦汉钱唐县治所在地尚无定论，但多数推测都认为钱唐县治位于环西湖的近湖山麓地带，西湖作为淡水水源地，是散布于近湖山麓的人居聚落赖以生存的首要资源，此时的西湖是鱼米之湖、

① 引自[东汉]袁康、吴平,《越绝书·越绝外传记地传》。

饮用之湖，西湖山水是功能性山水。

魏晋时期钱唐升格为郡，因钱塘江的水运之便，钱唐郡治迁至湖东冲积平原，紧贴西湖东岸，西湖水滋养一郡生民。此时的西湖山水在满足人居生活的功能性基础上，又增加了宗教寺院，提供了修行场所。

隋于开皇九年（589年）灭陈，废钱唐郡，置杭州，第一次修建杭州城池。隋唐二世，西湖的一汪碧水对杭州城的正常运转至关重要，西湖正式的人工疏浚与改造历史也自此时开启，开启者便是大名鼎鼎的杭州刺史白居易。

> （白居易）为杭州刺史，始筑堤捍钱塘湖（即西湖），钟泄其水，溉田千顷。复浚李泌六井，民赖其汲。
>
> ——[北宋]欧阳修，《新唐书·白居易传》
>
> 钱唐湖一名上湖，周廻三十里，北有石函，南有笕。凡放水溉田，每减一寸，可溉十五余顷；每一复时，可溉五十余顷……大抵此州春多雨，秋多旱，若堤防如法，蓄泄及时，即濒湖千余顷田无凶年矣……今年修筑湖堤，高加数尺，水亦随加，即不啻足矣。
>
> ——[唐]白居易，《钱唐湖石记》

白居易于长庆四年（824年）所筑之堤在今西湖东北侧，已无迹可寻，并不是现今的西湖白堤，现在这道白堤是在唐代之前便已天然形成的一道沙堤。从白居易筑堤提高西湖蓄水量开始，西湖便开启了从纯天然湖泊向“天然—人工湖泊”转变的漫漫长路，也开启了人工浚治的迢迢征途。

唐末五代乱世，“四海渊黑，中原血红……有生不如无生，为人不若为鬼”[①]。四方离乱，唯杭州是少有的安定之地，这得益于此地统治者的治国策略。后梁开平元年(907年)，钱镠被封为吴越王，定都钱塘(即杭州)，时称西府，这是杭州成为“古都”之始，杭州在吴越国钱氏“尊奉中朝，保境安民”的治国策略下，幸运地躲过了百年战祸，发展成为江南胜境。

后梁贞明二年(916年)，钱镠在西湖边建广润龙王庙，亲写《建广润龙王庙碑》。

> 钱塘湖者，西临灵隐，东枕府城，澄千顷之波澜，承诸山之源派……一郭军民，尽承甘润，逐年开割，淼汉泓迂，长居一尺之深淫不竭亢阳之失度。其中菰莲郁茂，水族孳繁，蒸黎实赖以畋渔，河道常资于灌注。壮金城之一面，不异汤池；润录野之万家，常如甘泽。
>
> ——[五代吴越]钱镠，《建广润龙王庙碑》

碑文中，钱镠不仅从城市发展的高度称颂了西湖之于

① 引自[北宋]薛居正，《旧五代史·李景传》。

杭州在用水、灌溉、水产、水运、防御等诸方面的作用与价值，还意识到如任湖中葑草污泥继续淤积，则西湖很快便会因沼泽化而不存。后唐天成二年（927年），钱镠始置撩湖兵士千人，专职日夜疏浚西湖，清除葑草，加深湖床。[①]

北宋庆历元年（1041年），距离吴越国纳土归宋已逾60年，60年间西湖未经疏浚，葑土堙塞，湖水益狭，杭州知州郑戬发动丁夫数万人开湖。[②]

元祐四年（1089年），距离郑戬撩湖又近50年，杭州知州苏轼眼前的西湖已经岌岌可危。

> 熙宁中（1072年），臣通判本州，则湖之葑合，盖十二三耳。至今才十六七年之间，遂堙塞其半。父老皆言十年以来，水浅葑横，如云翳空，倏忽便满。更二十年，无西湖矣。
>
> ——［北宋］苏轼，《杭州乞度牒开西湖状》

苏轼认为如放任淤塞而不治理，则20年后西湖就会消失，事态严峻非常，万幸朝廷很快同意了苏轼的开湖奏议。于是20余万人历时4个月尽除葑草，湖乃大治。苏轼命人将浚挖出的葑草和淤泥筑成长2.8公里的苏堤，连

① 参见［清］吴任臣，《十国春秋·武肃王世家下》。

② 参见［元］脱脱等，《宋史·郑戬传》。

通了西湖南北两岸，西湖水域的人工划分由此开始，主体水域被分为东西两部分，西侧狭长的区域为西里湖，东侧开阔的区域为外湖。

苏轼还在湖中设置三塔，以标识不可围垦的区域。

> 东坡留意西湖，极力浚复，在湖中立塔以为标表，著令塔以内不许侵为菱荡。旧有石塔三，土人呼为三塔基。南宋旧图，从南数，湖中对第三桥之左为一塔，第四桥之左为一塔，第五桥之右为一塔。
>
> ——[清]李卫，《西湖志·卷三》

苏轼开启了将西湖浚治工程与景观设计相结合的做法，这种做法成为后世浚治西湖的标杆与参照。

南宋时杭州再次成为都城，西湖的疏浚治理始终备受重视。

绍兴九年（1139年），西湖再次葑田弥望，堙没大半，临安知府张澄召置厢军士卒200人，专一浚湖。[①]

绍兴十九年（1149年），临安知府汤鹏举整治疏浚西湖，并制定条例：撩湖厢军200人专一撩湖，不许他役；专设一吏主管撩湖；重申永不许在西湖请佃栽种菱藕的规定。[②]

① 参见[清]徐松，《宋会要辑稿·方域一七之二二》。

② 参见[南宋]潜说友，《咸淳临安志·山川一一·湖上·西湖》。

乾道五年（1169年），临安知府周淙再次浚治西湖，明确撩湖军兵的百人额度，委任钱塘县尉主管撩湖，严禁租种菱茭，增迭堤岸。[①]

乾道九年（1173年），临安知府沈度奏请禁种荷花茭白。值得一提的是，沈度在奏状中以鉴湖为例警示了城郊湖泊萎缩消失的严峻现状。

> （西湖）西南一带，已成平陆，而滨湖之民，每以葑草围裹，种植荷花，骎骎未已，若不锄治，恐数十年后，西湖遂废，将如越之鉴湖，不复可复。
>
> ——[清]徐松，《宋会要辑稿·食货八之三二》

因人口增多与经济发展，江南地区的很多天然湖泊都面临着自然淤塞与人工围垦的双重威胁，当年周回八百里的鉴湖，到南宋时已名存实亡，破碎为若干河道和小水塘，昔日“万壑与千岩，峥嵘镜湖里”的鉴湖之美永远消失。沈度的奏状表明宋人已经意识到，如果不加以人工干预，城郊的天然湖泊最终会走向消亡的局面。

宝庆二年（1226年），临安知府袁韶在西山脚下，正对苏堤映波桥建先贤堂，并建桥将苏堤与堂址相连，西里湖南端由此被分割出一小块水域，今称小南湖。[②]

① 参见[清]徐松，《宋会要辑稿·食货八之二七》；[元]脱脱等，《宋史·卷九七·河渠志七》。

② 参见[南宋]潜说友，《咸淳临安志·山川一一·湖上·先贤堂》。

淳祐二年（1242年），临安知府赵与筹自苏堤东浦桥至曲院之间筑了一条堤，道通天竺灵隐，方便香客游人，时称小新堤（今称赵公堤），堤上夹岸花柳一如苏堤。[①]赵公堤对西湖水面再次进行了人工划分，西里湖从此由北至南分为岳湖、西里湖和小南湖三块水域。

淳祐七年（1247年），临安知府赵与筹对西湖进行全面疏浚。[②]

咸淳四年（1268年），临安知府潜说友浚治西湖，八年后元军接受了宋恭宗的降表，入临安城。[③]

元代西湖“废而不治……沿边泥淤之处没为茭田荷荡，属于豪民。湖西一带葑草蔓合，侵塞湖面，如野陂然。”[④]

西湖存亡已在旦夕之间。

明正德三年（1508年），西湖终于迎来转机。在杭州知府杨孟瑛五年的坚持下，朝廷批准了对西湖的疏浚。此次工程历时152天，清田约3500亩，西湖始复唐宋旧貌。浚挖出的葑泥一部分补益苏堤，使堤增高二丈，堤面增阔至五丈三尺，并沿堤种植桃柳，恢复苏堤旧时样貌；另一部分则堆在西山山麓边，筑为长堤，堤上仍设六桥，是为杨公堤。

---

① 参见[南宋]施谔，《淳祐临安志·卷一〇·小新堤》。

② 参见[南宋]施谔，《淳祐临安志·卷一〇·西湖》。

③ 参见[南宋]吴自牧，《梦粱录·卷一二》。

④ 引自[清]李卫，《西湖志·卷一》。

万历四年（1576年），按察佥事徐廷以外湖中原有的旧北塔残基重建亭台，其后司礼太监孙隆在周围叠石，升亭为重檐，改称喜清阁，即今湖心亭的前身。[①]

万历三十五年（1607年），钱塘县令聂心汤用浚湖的葑泥，在外湖筑环形堤坝，初成湖中湖，作为放生池。

> 其中塔、南塔久废为草滩，东西延袤三百八十步，南北延袤九百步……乃请于水利道王道显……浚取葑泥绕潭筑埂，环插水柳，为湖中之湖，专为放生之所。又于旧寺基重建德生堂，择僧守之，禁绝渔人越界捕捉。一以祝圣寿灵长，一以浚湖面潴水，一以复三潭旧迹云。
>
> ——[明]聂心汤，《钱塘县志·纪胜·山水三》

万历三十九年（1611年），钱塘县令杨万里在放生池北继续用葑泥加筑外堤，十年始成“田”字形环状格局之岛。又于岛南立小石塔三座谓之三潭，以追忆昔日苏轼所立三塔，但此三塔的位置及组合关系都与北宋时大不相同。[②]

至此，今日西湖三岛中的二岛基本定形，湖心亭以五代吴越国时外湖的北塔基为底加建而成。放生池以五代吴

① 参见[清]翟灏、翟瀚，《湖山便览·卷三·外湖》。

② 参见[清]翟灏、翟瀚，《湖山便览·卷三·外湖》。

越国时外湖的中塔、南塔及水心寺寺基为底，增筑环形堤岸，使湖中有岛，岛中有湖，今小瀛洲的形态初步形成。聂心汤在建设前，还特意请教了水利部门一位叫王道显的官员，以使放生池可以辅助浚理西湖潴淤之水。

清代，康熙六次南巡五至杭州，乾隆六次南巡六至杭州，推动了地方官吏对西湖的整治，疏浚工作持续开展。

清嘉庆十四年（1809年），浙江巡抚阮元疏浚西湖，将挖出的葑泥堆叠成岛，即今日阮公墩，西湖三岛全部建成。[①]

西湖格局终成今日之三岛（湖心亭、小瀛洲、阮公墩）、四堤（白堤、苏堤、赵公堤、杨公堤）、五湖（外湖、北里湖、西里湖、小南湖、岳湖）。

上述岛、堤与湖，除白堤是唐代以前天然形成，小南湖是南宋建先贤堂时所隔以外，其余均为历代疏浚西湖的副产品，从现已不存的唐白居易于824年所筑之白堤，到清阮元于1809年所筑阮公墩，前后近千年的时光里，西湖一直处在湮没与开浚的博弈之中，所幸最终没有和鉴湖一样破碎在历史长河中，而是历久弥新，最终成为中国传统山水审美的实证与典范。

---

① 参见[清]陈文述，《西泠怀古集》。

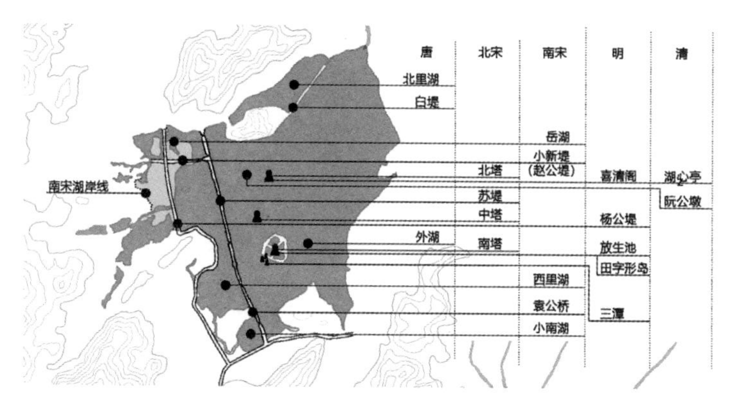

西湖湖面空间格局演变

(三)政通景和

杭州在唐代由郡升格为州，西湖山水之美名声初显，当时诗坛巨匠如宋之问、李白、白居易、张祜等都有诗题咏。

楼观沧海日，门对浙江潮。

桂子月中落，天香云外飘。

——[唐]宋之问，《灵隐寺》

天竺森在眼，松风飒惊秋。

览云测变化，弄水穷清幽。

——[唐]李白，《与从侄杭州刺史良游天竺寺》

湖上春来似画图，乱峰围绕水平铺。

松排山面千重翠，月点波心一颗珠。

碧毯线头抽早稻，青罗裙带展新蒲。

未能抛得杭州去，一半勾留是此湖。

——[唐]白居易，《春题湖上》

楼台耸碧岑，一径入湖心。

不雨山长润，无云水自阴。

——[唐]张祜，《题杭州孤山寺》

西湖山水在唐代完成了一次华丽转型，西湖不仅是鱼米之湖、饮用之湖，还是审美之湖、景观之湖，西湖山水从单纯的“功能性”山水进阶为“功能—景观复合型”山水。进阶的实现，一方面归功于六朝时山水本真之美的发现，另一方面则得益于唐代地方官员对城郊山水的积极开发。

唐代的山水开发与六朝相比最大的不同在于两点：开放性与公益性。

六朝庄园主开发的是自家庄园内的山水，山水资源并不对外开放。如南朝齐竟陵王萧子良“于宣城、临成、定陵三县界立屯，封山泽数百里，禁民樵采”[①]。

唐代地方官吏开发的城郊山水则是开放性的，山水资源并不专属于某人或某个团体。杭州便有多任刺史在西湖山水中打造开放性的人文景点：袁仁敬植九里松通灵隐（约725年）；灵隐山中有相里造所建虚白亭（约772年）、

① 引自[唐]姚察、姚思廉，《梁书·顾宪之传》。

韩皋所建候仙亭（约798—805年）、裴常棣所建观风亭（约808—809年）、卢元辅所建见山亭（约813—815年）、元藇所建冷泉亭（约822年）；孤山上有贾全所建贾公亭（约785—804年）。[①]

山水间开放性的人文景点一方面满足了士族观览游息于山水之中的需求，另一方面又促进了这种需求的增长，形成互利互促的良性关系。上述人文景点的建造者都是地方官吏，他们对城郊山水的开发是一种非私利性的官方行为，而非六朝庄园主追求经济利益的私人行为。事实上，从唐代开始江南城郊山水环境的改善、人文景点的修建已经被视为政绩的一部分。

> 邑之有观游，或者以为非政，是大不然。夫气愤则虑乱，视壅则志滞。君子必有游息之物，高明之具，使之情宁平夷，恒若有余，然后理达而事成。
>
> ——［唐］柳宗元，《零陵三亭记》

隋唐之前认为营建城郊山水与政绩无关，柳宗元完全不认可这种观点，他认为观览游息之山水让人心情平和，进而理达事成。

和柳宗元持相同观点的还有独孤及。大历九年至十一年间（774—776年）独孤及任常州刺史，开发了毗陵城郊

---

① 参见［唐］白居易，《冷泉亭记》；［北宋］王谠，《唐语林·卷六》。

的东山。

> 于近郊传舍之东，得崇丘浚壑之地，密林修竹，森蔚其间，白云丹霞，照曜其上，使登临者能赏，游览者忘归，我是以东山定号，始于中峰之顶建茅茨焉。出云木之高标，视湖山如屏障，城市非远，幽闻鸟声，轩车每来，静见水色，复有南池西馆，宛如方丈瀛洲。秋发芰荷，春生蘋藻，晨光炯曜，夕月澄虚，信可以旷高士之襟怀，发诗人之永歌也。
>
> ——[唐]韦夏卿，《东山记》

独孤及取东晋谢安高卧东山之意，将此山命名为“东山”，修建亭馆供登临游览。

贞元十一年（795年）是韦夏卿任常州刺史的第四年，他非常遗憾东山在独孤及离开后荒芜冷落，遂加以重建。

> 永怀前贤，屡涉兹阜。芟荟翳而松桂出，夷坎窞而溪谷通，不改池台，惟杂风月，东山之赏，实中兴哉。于是加置四亭，合为五所，瞰野望山者位正，背林面水者势高。筵罘区陈，宾寮有位，琴棋间作，箫管时闻，从我之游者，咸遇其胜也……
>
> 懿乎！创物垂名，俾传来者，登山临水，每想古人，亦何谢石门林泉，岘首风景而已矣。
>
> ——[唐]韦夏卿，《东山记》

韦夏卿视重建东山为一项实实在在的政绩，希望借此垂名后世。

从柳宗元、独孤及与韦夏卿身上可以看出，唐代江南地方官吏一反六朝时视山水营建为“非政”的取向，开启了城郊开放与公益的山水建设的先河，为两宋市民阶层崛起后全民性的大众游赏奠定了物质基础和社会基础。

西湖山水的第二次转型发生在五代。

五代吴越国国主钱氏崇释礼佛，佛教寺院遍布西湖山水，这些寺院既是宗教道场，也是节俗之时上香赏景的人文景点。

今日西湖山水中最知名的寺院都与五代吴越国有关：后晋天福元年（936年）创建下天竺寺；后周显德元年（954年）于南屏山北麓创建慧日永明院（今净慈禅寺）；宋建隆元年（960年）重建已颓废倾圮的灵隐寺；太平兴国元年（976年）扩建中天竺寺，重建毁于兵火的下天竺寺。

五代吴越国时还在群山间新建了五座佛塔——六和塔（970年）、保俶塔（约948—960年）、南高峰塔（约936—947年）、雷峰塔（977年）与闸口白塔，并重建了肇始于唐天宝年间（742—756年），毁于“会昌法难”（约841—856年）的北高峰塔。高耸于山巅水际的佛塔是人工建筑与自然山水完美契合的杰作，既标高“点景”，又隔空“引景”。古建筑园林艺术学家陈从周先生曾说“西湖雷峰塔圮后，南山之景全虚”，一语道破高塔之于西湖山水的关键作用。

雷峰夕照

西湖湖心的首个人工岛也筑于五代吴越国时，岛上建“水心寺”，北宋赐额“水心保宁寺”，今“小瀛洲”之前身，湖山赏月佳处。

> 西湖环岸皆招提，楼阁晦明如卧披。
> 保宁复在最佳处，水光四合无端倪。
> 车尘不来马足断，时有海月相因依。
>
> ——[北宋]秦观，《送僧归保宁》

宗教、放生、节俗、隐逸等文化大举融入西湖山水，西湖开始成为文化之湖，西湖山水从唐代的“功能—景观复合型”山水再次升格为“功能—景观—文化复合型”山水，这是西湖山水的第二次华丽转型。

第三次转型在北宋。

唐宋之际的中国社会完成了政治、经济与文化层面从门阀（贵族）向士庶（全社会）的变革，城市性质发生了从行政型向商业娱乐型的转变，城市里首次出现了“坊郭户”，他们主要是商店主、手工业者、店员、雇员等商业与娱乐产业人员，并成为北宋城市人口的多数，标志着市民阶层的形成与崛起，奠定了北宋城郊山水大众游赏的社会阶层基础。

坐拥西湖山水的杭州，在北宋时更是大众游赏兴趣最为炽热的城市。

> 皇祐二年，吴中大饥，殍殣枕路，是时范文正（即范仲淹）领浙西，发粟及募民存饷，为术甚备。吴人喜竞渡，好为佛事。希文乃纵民竞渡，太守日出宴于湖上，自春至夏，居民空巷出游。
>
> ——[北宋]沈括，《梦溪笔谈·官政一》

西湖游赏在大饥荒之年（1050年）依然如旧，时任杭州知州的范仲淹审时度势，化不利为有利，建议利用饥荒时的廉价劳动力抓紧建设佛寺，再进一步助推游赏。

> 召诸佛寺主首，谕之曰："饥岁工价至贱，可以大兴土木之役。"于是诸寺工作鼎兴。又新敖仓吏舍，日役千夫。监司奏劾杭州不恤荒政，嬉游不节，及公私兴造，伤耗民力，文正乃自条叙所以宴游及兴造，皆欲以发有余之财，以惠贫者。贸易饮食、工技服力之人，仰食于公私者，日无虑数万人。荒政之施，莫此为大。是岁，两浙唯杭州晏然，民不流徙，皆文正之惠也。
>
> ——[北宋]沈括，《梦溪笔谈·官政一》

有监司奏劾范仲淹，认为饥荒之年大兴土木、不限嬉游是伤耗民力的行为，范仲淹则认为宴游和兴造都是饥荒之年促使富者之余财流向贫者的手段，可以帮助城市正常运转，共度时艰。事实证明了范仲淹施政的眼光和举措，那一年的江南唯有杭州社会安定、人民安居。

这堪称通过旅游带动城乡经济发展的优异案例：利用大众山水游赏的消费带动游赏场所的建设，从而为贫困者创造就业机会，游赏场所的完备又进一步促发大众的山水游赏。如此完美的旅游经济案例居然发生在1000余年前的北宋时代！

市民阶层的游赏最典型的特征便是人数众多，但当时西湖山水中可供游赏停驻的空间要么是幽闭的山林，要么是湖上的游船，容纳游赏者的能力十分有限，无法应对日趋增长的大众游赏需求。

如何破局？谁来破局？

北宋元祐四年（1089年），苏轼第二次就职杭州，与熙宁年间第一次任职杭州时（1071—1074年）只是无决策实权的通判不同，这次苏轼是以一州之首的知州身份到任，他放开手脚全面彻底地浚治了西湖。

在处置挖出的大量葑泥时，苏轼展现了超凡的远见，极具创造性地修筑了沟通南北交通的苏堤与湖中三塔。

在物质层面，苏堤开启了对西湖水域格局人工改造的先河。在社会层面，苏堤解决了西湖山水容纳能力与大众游赏需求之间的矛盾，湖上游赏不再只依靠承载量有限的游船，陆路方式既便利出行，又大大提高了容客量。从此，西湖山水游赏由游山为主转为赏湖为主，西湖水域空间从此不仅是西湖山水物理空间上的核心，也成为社会空间上的核心。

苏堤夹植桃柳，中为六桥，“苏堤春晓”成为南宋“西湖十景”之首。湖中三塔则造就了“三潭印月”这又一传世美景，将“天上月”引入“湖中水”，夜、月、湖、塔四者从此密不可分，打破了时间维度和空间界限，将西湖之美从日湖延续到夜湖，从地表扩展至浩渺星空。所谓“西湖之胜，晴湖不如雨湖，雨湖不如月湖”[①]。

我在钱塘拓湖渌，大堤士女急昌丰。

六桥横绝天汉上，北山始与南屏通。

——[北宋]苏轼，《轼在颍州与赵德麟同治西湖未成改扬州三月十六日湖成德麟有诗见怀次韵》

苏堤成为西湖山水游赏的拐点，其建成之前更多是游山，建成之后更多是赏湖。空间幽闭的山林更适合三两士人、官吏或隐士闲赏，而开阔的湖面更适合市民阶层举家结伴出游。游山向赏湖的转变也是北宋“市民阶层崛起”的社会变革下西湖山水的回应与第三次转型。

西湖山水历秦汉、隋唐、五代、北宋，从功能型山水到功能—景观复合型山水，再到功能—景观—文化复合型山水，最后到功能—景观—文化—公共型山水，它的每一次转型都完美地顺应了社会的发展，契合了时代的精神，这种顺应与契合离不开杭州的历任父母官，从大名鼎

---

① 引自[明]汪珂玉，《西子湖拾翠余谈》。

苏堤春晓

柳浪闻莺

花港观鱼

曲院风荷

两峰插云

雷峰夕照

三潭印月

平湖秋月

南屏晚钟

断桥残雪

[南宋]叶肖岩，《西湖十景图》

鼎的范仲淹、白居易、吴越国钱氏、苏轼、杨孟瑛，到几乎已经被人遗忘的袁仁敬、相里造、韩皋、裴常棣、卢元辅、元蕆、贾全、郑戬、聂心汤、杨万里、阮元……

有幸，青山见证了青史；万幸，青山镌刻了青史。

北宋之后，西湖美景名扬天下。

西湖三面环山，中涵绿水，松排青嶂，草满平堤。泛舟湖中，回环瞻视，水光山色，竞秀争奇，柳岸花汀，参差掩映。已而峰衔翠霭，月印波心，画舫徐牵，菱歌晚度，游人俨在画图中也。

——[北宋]苏轼，《题西湖诗卷》

西湖天下景，朝昏晴雨，四序总宜。

——[南宋]周密，《武林旧事·西湖游幸》

由断桥至苏堤一带，绿烟红雾，弥漫二十余里。歌吹为风，粉汗为雨，罗纨之盛，多于堤畔之草，艳冶极矣。

——[明]袁宏道，《晚游六桥待月记》

登万松岭（在杭州城外）而望西湖，一片空明，千峰紫翠，楼台烟雨，绮丽清幽。向观图画，恐西湖不如画，今乃知画不足以尽西湖也。

——[清]孙嘉淦，《南游记·游西湖记》

历久，也能弥新；政通，然后景和。

八、行尽深山又是山——避世寻仙的剡中山水

杜甫曾于而立之年（731—735年），历时四年，漫游江南。他在姑苏谒阖闾墓，游虎丘山，访长洲苑，渡钱塘江，徜徉鉴湖，登天姥山。31年后卧病夔州的杜甫对江南山水之美仍念念不忘。

越女天下白，鉴湖五月凉。
剡溪蕴秀异，欲罢不能忘。

——[唐]杜甫，《壮游》

文士用时数年在外游历的现象在唐代以前非常少见，却在唐代成为一种社会风尚。当时空前辽阔的疆域、稳定富庶的社会经济、兼容并蓄的开放风气等让上至达官显贵，下至布衣文人走出书斋，走向天地，催生了一种新的山河游赏方式——漫游，文士们在未出仕之前或仕途不顺时漫游四方，饱览河山，增长阅历。

京畿、塞北、巴蜀、荆楚，文士们的足迹遍布大江南北，江南以山水之美与京畿地区并列，成为唐代士人最偏爱的漫游之处。

在唐代已颇具名气的江南山水不在少数，天台山、会稽山、天姥山、沃洲山、茅山、太湖、天门山、采石矶、九华山、四明山、金华山、径山等。其中同属浙东山区的天台山、会稽山、天姥山与沃洲山最为知名，将它们描绘成江山绝色的诗文比比皆是。

会稽山水，自古绝胜。

——[唐]权德舆，《送灵澈上人庐山回归沃洲序》

造化之功，东南之胜，独会稽知名……其土沃，其人文。虽逼闽蛮而不失礼节，虽枕江海而不甚瘴疫。斯焉郡邑，一何胜哉！将天地之乐，萃于此耶。

——[唐]顾云，《在会稽与京邑游好诗序》

越中山水，名于天下。

——[唐]孙郃，《送无作上人游云门法华寺序》

东南山水，越为首，剡为面，沃洲、天姥为眉目。

——[唐]白居易，《沃洲山禅院记》

天台山、会稽山、天姥山与沃洲山被剡溪从南到北串联起来，剡溪也成为唐代游历浙东的交通干线。漫游者循此近百公里的水路可从会稽山直到天台山的石梁飞瀑，历越州与台州，过会稽、剡、新昌、始丰（后称唐兴）诸县，会稽山、天姥山与沃洲山、天台山这三处最为精华的山水被串联其间。

会稽山在这条水路北端，毗邻会稽郡，成名最早，游赏最为方便；天台山在这条水路的南端，离始丰（唐兴）县治18里，游赏相对方便；独天姥山与沃洲山所在的剡中虽在游赏水路的中端，却不在干线之上，需从干线转入剡溪的支流东溪，沿东溪逆流而上数十里到新昌县治后再于群山间辗转前行约40里方能抵达。

正可谓“隐隐隔千里，巍巍知几重”[①]。

(一) 隐隐

交通不便让天姥山、沃洲山等剡中山水有着与生俱来的遗世独立之感。

天姥与沃洲二山位于剡溪的源头之一——东溪上游，东溪是剡溪四源之一，古人也常用剡中、剡溪来指代此间山水。天姥山在新昌县东南约50里，沃洲山在新昌县东约35里，两者一在西北，一在东南，毗邻相对。

魏晋以前，这里属于会稽山区腹地，草莽奥区，人迹罕至。《道经》中早有沃洲山和天姥山之地可避祸的谶言。

> 《道经》云：“两火一刀，可以逃。”言多名山，可以避灾也。故汉晋以来，多隐逸之士，沃洲、天姥，皆其处也。
>
> ——[北宋]孔延之，《会稽掇英总集·卷四》

远离俗世之地，十分符合汉晋时佛教徒对修行之地的要求。

① 引自[唐]吴融，《远山》。

> 未曾有开士在家为得道者，皆去家入山泽，以往山泽为得道……是通达道品之法者，以居山泽。居山泽者为合聚十二精，居山泽者解诸谛，居山泽者知诸阴，以法情制诸情以贪，诸进入不忘忽道之意，诸佛所赞，众圣所称誉，欲度世者所事也。居山泽者，以解一切敏智之方术也。
>
> ——[东汉]安玄，《法镜经》

佛教诞生于印度，与自然山林有着不解之缘，释迦牟尼的出生、修行与涅槃都发生在山林之中，山林远离城市喧嚣的寂静环境更有助于僧人息心修行，这种观念使佛教徒将修习佛法与居于山泽紧密关联，沃洲山便是这种关联的见证者。东晋高僧支遁"买山而隐"，在沃洲山小岭（今支遁岭）建小岭寺，也称沃洲寺或沃洲精舍。支遁（约314—366年），字道林，世称支公，也称林公，别称支硎，东晋高僧、佛学家、文学家，他提出"即色本空"的思想，创立了般若学即色义，成为当时般若学"六家七宗"中即色宗的代表人物，沃洲山也便成为江南的佛教中心。谢安、许询、孙绰、王羲之等会稽名士都与之交往密切。

> （谢）安先居会稽，与支道林、王羲之、许询共游处。出则渔弋山水，入则谈说属文，未尝有处世意也。
>
> ——[南朝宋]刘义庆，《世说新语·雅量》

> 夫有非常之境，然后有非常之人栖焉。晋宋以

来，因山洞开，厥初有罗汉僧西天竺人白道猷居焉，次有高僧竺法潜、支道林居焉，次又有乾、兴、渊、支、遁、开、威、蕴、崇、实、光、识、斐、藏、济、度、逞、印凡十八僧居焉，高士名人有戴逵、王洽、刘恢、许玄度、殷融、郄超、孙绰、桓彦表、王敬仁、何次道、王文度、谢长霞、袁彦伯、王蒙、卫玠、谢万石、蔡叔子、王羲之凡十八人，或游焉，或止焉。

——[唐]白居易，《沃洲山禅院记》

当时的剡中乃是交通不便的人迹罕至之地，所以支遁才“买山而隐”。

南朝宋元嘉六年（429年），一次山水出游打开了剡中山水与外界的通道。

谢灵运从会稽郡出发，寻访隔壁临海郡的天姥山，命童仆开山而至。可知当时天姥山是没有便捷的陆路交通可以到达的，水路交通必然也不便捷，不然谢灵运不会宁可开山也不走水路了。这次开山惊动了临海郡太守王琇，谢、王二人交涉之后谢灵运送给王琇两句诗“邦君难地险，旅客易山行”，结束了天姥之行。

无独有偶，在登天姥山之前谢灵运也写了一首诗作送人。

暝投剡中宿，明登天姥岑。

高高入云霓，还期那可寻？

傥遇浮丘公，长绝子徽音。

——[南朝宋]谢灵运，《登临海峤初发强中作，与从弟惠连见羊何共和之》

这是谢灵运写给从弟谢惠连的诗作，结尾部分告知明天就要出发去登天姥山了，天姥山隐入云间，不知何时才能返还，如果遇上浮丘公，我将随他而去，那我们就再无法互通音信了。浮丘公，即浮丘生，仙人，传说就是他接引了周灵王之子王子乔上嵩山成仙。

有神仙居住是天姥、沃州二山流传甚广的传说，谢灵运希望此次探访天姥山可以有机缘与仙人相遇，殊不知他不仅未能遇仙，还打破了此地遗世独立的状态。谢灵运访山所开之山道后称“谢公古道”，天姥、沃州二山从此与外界相通，谢公古道使天姥山向北与会稽郡相连，向南与临海郡相连，成为两郡之间的一条主要来往通路，谢灵运也被称为天姥山的“开山鼻祖”。

永夜岂云寐，曙华忽葱茏。

谷鸟啭尚涩，源桃惊未红。

再来期春暮，当造林端穷。

庶几踪谢客，开山投剡中。

——[唐]宋之问，《宿云门寺》

天姥山的神秘面纱被谢灵运稍许拂开。

南朝宋元嘉朝廷听说了天姥山美名，便遣画师将天姥山画于白团扇上以供赏玩，该扇被称为“永嘉团扇”。

> 宋元嘉中，台遣画工匠写山状于圆扇，以标榧灵异。
>
> ——[唐]徐灵府，《天台山记》

在山水画还处于萌芽期时，天姥山就以自然山水的典范之姿成为文人画家临摹的对象。优秀的自然山水对于画家来说，其意义不仅在于提供一个美学意义上的优秀摹绘范本，更重要的是它是文人画家修身悟道的一个媒介，画者通过摹画山水达到“用审美的眼光、感受，深深领悟客体具象中的灵魂、生命”①。

就在谢灵运开天姥山路前后的这段时间，同样一部开山之作现于世间，便是宗炳所著《画山水序》（约作于430年）。宗炳（375—443年），字少文，南阳郡涅阳（今河南镇平）人，南朝宋画家、绘画理论家，隐士。《画山水序》是我国山水画论的开端，言山水画之美，表山水画之缘由，述山水画之技法，最重要的是，它以“畅神”为山水画的功能和价值，将山水画的存在意义上升到修身的高度。

> 于是闲居理气，拂觞鸣琴，披图幽对，坐究四

① 宗白华.美学散步[M].上海：上海人民出版社，2015.

荒，不违天励之藂，独应无人之野。峰岫峣嶷，云林森眇，圣贤暎于绝代，万趣融其神思。余复何为哉？畅神而已。神之所畅，孰有先焉。

——[南朝宋]宗炳，《画山水序》

于无人之野，坐究四荒，适性、观道、悦情，最终企及“神之所畅”的境界。剡中山水可以将“畅神”之体验赋予支遁及其僧徒，赋予游处玄谈的18位东晋名士，赋予奉旨模画山水之状的文人画家，甚至赋予宫廷中赏玩永嘉团扇的王公贵族。

山中何所有，岭上多白云。
只可自怡悦，不堪持赠君。

——[南朝梁]陶弘景，《诏问山中何所有赋诗以答》

剡中山水依旧青山隐隐，但盘桓其间的高僧、名士，甚至是山水画师之体悟却已昭昭。

（二）迢迢

隋唐一统，在政治局面上是北方统一了南方，但是在文化领域，隋唐间在文学、经注、音韵、文字学、书法、绘画等方面均是“江左余风”一统天下，江南在向长安输送钱粮与人才的同时，也输送了其自六朝以来的生活方式和文化品位，其中，自然也包括了江南山水的美以及借由山水之美所传递出来的山水审美观念与山水文化观念。

于是乎，唐代文人在整个社会漫游的风气之下，纷纷南下游赏江南山水，其中剡中是最受青睐的目的地之一。

唐开元十二年（724年），李白决心出蜀远游，希望通过游访干谒的方式一展才华与抱负。

> 大丈夫必有四方之志。乃仗剑去国，辞亲远游。
>
> ——[唐]李白，《上安州裴长史书》

唐开元十三年（725年），李白从巴蜀出发，在从荆州赴江南的船上，第一次写下了对剡中的喜爱与向往。

> 霜落荆门江树空，布帆无恙挂秋风。
>
> 此行不为鲈鱼鲙，自爱名山入剡中。
>
> ——[唐]李白，《秋下荆门》

此诗四句，三处与江南有关。

“布帆无恙”取典东晋时顾恺之向殷仲堪请假从荆州回转越中，殷仲堪借布帆给顾恺之用以行船，行至破冢，遇到狂风。顾恺之写信给殷仲堪：“地名破冢，真破冢而出。行人安稳，布帆无恙。”后顾恺之回到荆州，留下了形容越中山水的千古名句“千岩竞秀，万壑争流，草木蒙笼其上，若云兴霞蔚”。[①]

“鲈鱼鲙”取典西晋时张翰在首都洛阳时担任齐王司马冏的东曹掾官职，一次见秋风起，思念起了家乡吴中的菰菜羹和鲈鱼鲙，感叹人贵在能够顺应自己的内心，何必远离家乡数千里，追求浮名爵位。于是他便回转家乡了。[②]

“名山”“剡中”便是沃州山、天姥山所在的剡溪山水了。

李白在“南穷苍梧，东涉溟海”的漫游之旅伊始，已对江南的典故、名士以及山川美名如数家珍，六朝时江南的山水美名及山水文化对唐代的影响力可见一斑。

开元十四年（726年）李白从扬州出发南下越地，终于见到了他心仪已久的剡中。

借问剡中道，东南指越乡。
舟从广陵去，水入会稽长。
竹色溪下绿，荷花镜里香。
辞君向天姥，拂石卧秋霜。

——［唐］李白，《别储邕之剡中》

李白经水路一路南下，从广陵（今江苏扬州）经江南运河到杭州，渡钱塘江，到西兴（今浙江萧山），沿浙东运河到会稽（今浙江绍兴），再溯剡溪一路向南到剡县

① 引自［南朝宋］刘义庆，《世说新语·言语》。
② 参见［南朝宋］刘义庆，《世说新语·时鉴》。

（今浙江嵊州），再转东溪继续东南行。这条水路实在是“长”，不仅李白感叹“水入会稽长”，其他唐代诗人也都强调了这条水路之迢迢。

鸣棹下东阳，回舟入剡乡。
青山行不尽，绿水去何长。

——［唐］崔颢，《舟行入剡》

故林又斩新，剡源溪上人。
天姥峡关岭，通同次海津。
湾深曲岛间，淼淼水云云。
借问松禅客，日轮何处暾。

——［唐］拾得，《诗·其二十二》

天姥三重岭，危途绕峻溪。
水喧无昼夜，云暗失东西。
问路音难辨，通樵迹易迷。
依稀日将午，何处一声鸡。

——［唐］李敬方，《登天姥》

舟移清镜禹祠北，路转翠屏天姥东。

——［唐］赵嘏，《淮信贺滕迈台州》

水行舟处不仅是古人下江南的主要交通方式，也是游赏江南山水的主要方式。一叶扁舟徜徉于屈曲剡溪之上，辗转于重重青山之间，江南山水的千岩与万壑、草木与云霞便经由“水行舟处”被深深地镂刻进游者的眼底与心间。

悄然坐我天姥下，耳边已似闻清猿。

——[唐]杜甫，《奉先刘少府新画山水障歌》

嵯峨天姥峰，翠色春更碧。

气凄湖上雨，月净剡中夕。

——[唐]皇甫冉，《曾东游以诗寄之》

白云深锁沃州山，冠盖登临众仰攀。

松径风清闻鹤唳，昙花香暝见僧还。

——[唐]牟融，《游淮云寺》

这山水美景必没有辜负不远万里漫游至此的李白。剡中水绕青山的山水特征也让李白难以忘怀，甚至在18年后的天宝四年（745年），李白在北方鲁郡（今山东兖州）泛舟时，都会情不自禁地想到江南，想到剡溪。

日落沙明天倒开，波摇石动水萦回。

轻舟泛月寻溪转，疑是山阴雪后来。

——[唐]李白，《东鲁门泛舟二首·其一》

水作青龙盘石堤，桃花夹岸鲁门西。

若教月下乘舟去，何啻风流到剡溪。

——[唐]李白，《东鲁门泛舟二首·其二》

两首诗的末句巧妙地化用了六朝时发生在越中的“雪夜访戴”典故。王徽之（王羲之第五子）居住在山阴，一次他在大雪纷飞的夜里醒来，只见窗外一片洁白银亮，不禁吟诵起左思的《招隐诗》，忽然间想到了隐居于数十里外剡溪上游的戴逵。于是便即刻启程，星夜乘舟前往，经过一整夜终于到了戴逵家门前却又转身返回。有人问他为何这样，王徽之说："我本乘兴而来，如今兴尽而返，为何一定要见戴逵呢？"[①] 李白的两首诗仍是信手拈来地将剡中山水与江南六朝高士融于诗中，也许此时的他也没想到，对于剡中山水之美的念念不忘，在一年之后竟有了回响。

天宝五年（746年），此前两年李白受权贵排挤而被赐金放还，正处于人生的最低谷，当年又大病一场，秋时才刚刚病愈，但他已决定离开鲁地，再下江南。

尔向西秦我东越，暂向瀛洲访金阙。

——[唐]李白，《鲁郡尧祠送窦明府薄华还西京》

离别鲁地前，李白做了一场流传千古的梦，写了一首流传百代的诗。

海客谈瀛洲，烟涛微茫信难求。

越人语天姥，云霞明灭或可睹。

天姥连天向天横，势拔五岳掩赤城。

天台四万八千丈，对此欲倒东南倾。

我欲因之梦吴越，一夜飞度镜湖月。

① 参见[南朝宋]刘义庆，《世说新语·任诞》。

湖月照我影，送我至剡溪。

谢公宿处今尚在，渌水荡漾清猿啼。

脚著谢公屐，身登青云梯。

半壁见海日，空中闻天鸡。

千岩万转路不定，迷花倚石忽已暝。

熊咆龙吟殷岩泉，栗深林兮惊层巅。

云青青兮欲雨，水澹澹兮生烟。

列缺霹雳，丘峦崩摧。

洞天石扉，訇然中开。

青冥浩荡不见底，日月照耀金银台。

霓为衣兮风为马，云之君兮纷纷而来下。

虎鼓瑟兮鸾回车，仙之人兮列如麻。

忽魂悸以魄动，恍惊起而长嗟。

惟觉时之枕席，失向来之烟霞。

世间行乐亦如此，古来万事东流水。

别君去兮何时还？

且放白鹿青崖间，须行即骑访名山。

安能摧眉折腰事权贵，使我不得开心颜！

——[唐]李白，《梦游天姥吟留别》

诗以游天姥起，借天姥山的千岩万转，迷花倚石而踏入日月照耀、仙人麻列的仙界，出梦后觉得仙界也不过如此，还不如骑鹿剡中，游访天姥。这首表达不得赏识，无法施展抱负，又不愿与权贵同流合污的诗作，以现实中的天姥山作为仙府的对照，其实是将天姥山作为朝阙的对照。说明在李白的心中，自古便“避世”的天姥山才是那一方未被世俗所污的纯粹的山水乐园与精神归宿。

剡中山水之“迢迢”，不仅在于其与京畿空间距离上的偏远，更在于其隔离世事纷扰的幽远。

（三）桃源

当李白用天姥山寄托其郁郁不得之志时，剡中山水已经成为他的精神寄托与避世桃源。天宝十四年（755年），安禄山叛乱，洛阳于当年沦陷，长安于次年沦陷。乱世之时，剡中不仅是李白的心中桃源，也是他现实中的避祸之地。

忽思剡溪去，水石远清妙。
雪尽天地明，风开湖山貌。
闷为洛生咏，醉发吴越调。
赤霞动金光，日足森海峤。
独散万古意，闲垂一溪钓。
猿近天上啼，人移月边棹。
无以墨绶苦，来求丹砂要。
华发长折腰，将贻陶公诮。
——[唐]李白，《经乱后将避地剡中留赠崔宣城》

事实上，剡中早有桃源一说。

南朝宋刘义庆将此处早有流传的“刘阮遇仙”记载在他编撰的志怪小说集《幽明录》中。相传东汉明帝永平五年（62年），剡县的刘晨、阮肇到天台山（天姥山属天台山脉）采药失途，于山中盘桓十三日饥馁殆死，幸得悬崖上的桃子充饥，又溯溪水前行二三里后遇两位仙女，结成伉俪。半年后刘、阮思归，返回家中才发现竟已是数百年后的东晋太元八年（383年）。而刘、阮重回山中，却再也寻不到桃源踪迹，后来二人也不知所踪。

发生于东汉末年的这则传奇故事折射的是乱世中人希望能在虚幻的桃源中寻求到一丝慰藉。这则故事与东晋陶渊明的《桃花源记》如出一辙。

晋太元中，武陵人捕鱼为业。缘溪行，忘路之远近。忽逢桃花林，夹岸数百步，中无杂树，芳草鲜美，落英缤纷。渔人甚异之。复前行，欲穷其林。

林尽水源，便得一山，山有小口，仿佛若有光。便舍船，从口入。初极狭，才通人。复行数十步，豁然开朗……

停数日，辞去。此中人语云：“不足为外人道也。”

既出，得其船，便扶向路，处处志之。及郡下，诣太守，说如此。太守即遣人随其往，寻向所志，遂迷，不复得路。

——[东晋]陶渊明，《桃花源记》

两处桃源都是以象征着春天和生机的桃林为引，以山间屈曲辗转之溪为前导空间。桃源中的生活场景极尽美好，而出桃源后都不能再入。

这种美好到极致，使人觉得此生不会再有幸得见的生活正是江南山水带给来此漫游的文人们的感觉，剡中山水的隐隐与迢迢、辗转与深远也与桃源需有缘人先遇桃，再逆溪数里才可到达有异曲同工之妙，剡中山水与桃源故事的完美契合使得“刘阮遇仙”“剡中桃源”自唐代开始变成文学作品中反复吟咏的题材而长盛不衰。

流水阊门外，孤舟日复西。

离情遍芳草，无处不萋萋。

妾梦经吴苑，君行到剡溪。

归来重相访，莫学阮郎迷。

——[唐]李冶，《送阎二十六赴剡县》

桃花岭上觉天低，人上青山马隔溪。

行到三姑学仙处，还有刘阮二郎迷。

——[唐]顾况，《寻桃花岭潘三姑台》

仙洞千年一度开，等闲偷入又偷回。

桃花飞尽东风起，何处消沈去不来。

——[唐]元稹，《刘阮妻二首·其一》

遇仙、寻仙进而长生不老本就是修习道教之人的终极目标之一，山清水秀、可以遇仙的剡中山水在唐代成为洞天福地自是顺理成章之事。

第十五沃州。

在越州剡县南，属真人方明所治之。

第十六天姥岑。

在剡县南，属真人魏显仁治之。

——[唐]司马承祯，《上清天地宫府图经》

自此，剡中山水便从古早道经谶语中的“避祸之地”化身为桃源“福地”，剡中从此不仅是刘晨、阮肇的桃源，也是唐代佛、道修行之人的桃源，仕途困踬之人的桃源。

故人今在剡，秋草意如何。

岭暮云霞杂，潮回岛屿多。

沃洲僧几访，天姥客谁过。

岁晚偏相忆，风生隔楚波。

——[唐]马戴，《寄剡中友人》

曾伴元戎猎，寒来梦北军。

闲身不计日，病鹤（一作鹿）放归云。

石上铺棋势，船中赌酒分。

长言买天姥，高卧谢人群。

——[唐]李东，《赠宋校书》

来往天台天姥间，欲求真诀驻衰颜。

星河半落岩前寺，云雾初开岭上关。

丹壑树多风浩浩，碧溪苔浅水潺潺。

可知刘阮逢人处，行尽深山又是山。

——[唐]许浑，《早发天台中岩寺度关岭次天姥岑》

东晋太元、隆安年间（约395—399年），在荆州的同僚争相询问顾恺之江南山水之美，他们只能从顾恺之的言语形容中遐想江南山水的“千岩竞秀，万壑争流，草木蒙笼其上，若云兴霞蔚”。隋唐结束了南北分治后，唐代帝国兼容并包的开放风气和相对安定富庶的社会经济让士人可以不再依靠遐想，可以泛舟于浙东山间，用数月甚至数年的时间来感受江南山水，在此间排遣仕途不顺的郁郁，寻找安顿心灵的桃源。

九、江山诗有助，丘壑画精神——山水艺术的起点与范本

山川之美，古来共谈。

孔子在2500年前说：

知者乐水，仁者乐山。知者动，仁者静。知者乐，仁者寿。

——[春秋]孔丘，《论语·庸也》

孔子认为智者的快乐如水一般悠然安详，仁者的快乐像山一样崇高宁静，这是用山水比德，将山水之美与人格价值建立起可以类比的联系。

司马相如在2100年前描写汉武帝上林苑的山水：

崇山巃嵸，崔巍嵯峨，深林巨木，崭岩参嵯，九嵕巀嶭。南山峨峨，岩陁甗崎，摧崣崛崎。振溪通谷，蹇产沟渎，谽呀豁閜。

——[西汉]司马相如，《上林赋》

上林苑高山溪谷的根本价值在于满足天子校猎的需求，山川提供校猎场所，珍禽走兽是射猎的目标与天子祭祀的贡品，山水之美正是“字面”意义的美，与物质价值对等。

> 美，甘也。从羊，从大。羊在六畜主给膳也。美与善同意。
>
> ——[东汉]许慎，《说文解字》

羊大即美，羊大即善。因为羊越大，就可以提供越多的肉，就能满足越多人的需求。在生产力低下的年代，大羊便是“尽善尽美”的，同理，能够提供丰富物产的山水便是“美”的。

以上从人格价值与物质价值方面品评山水之美，看到的并不是山水真正的美，前者落脚于德行，后者关注在物需。

究竟是什么时候山水才真正成为审美的对象，山水本真之美才被真正关注？在六朝。

> 在魏晋以前，山水与人的情绪相融，不一定是出于以山水为美的对象，也不一定是为了满足美的要求。但到了魏晋时代，则主要是以山水为美的对象；追求山水主要是为了满足追寻者美的追求。
>
> ——徐复观，《中国艺术精神》①

山水从六朝开始以独立审美对象的姿态出现，山水文学、山水绘画、山水园林等山水艺术便也应运而生，这已经是学界的共识。

---

① 徐复观.中国艺术精神[M].上海：华东师范大学出版社，2001.

山水的本真之美发现于何地呢？

在江南。

（一）文思奥府

我国文人自古便有吟咏山水的传统，甚至可以上溯至最早的诗歌总集《诗经》。

> 秩秩斯干，幽幽南山。如竹苞矣，如松茂矣。兄及弟矣，式相好矣，无相犹矣。
>
> ——[春秋]孔丘，《诗经·小雅·斯干》

小溪潺潺流淌，终南山幽幽伫立。山水之间翠竹摇曳，松林茂密。诗经中这段关于山水的经典描写借山水引出作者所表达的主旨——赞颂这里的安详生活与和睦家庭，山水本身并不是诗篇的重点。

> 皋兰被径兮，斯路渐。
>
> 湛湛江水兮，上有枫。
>
> 目极千里兮，伤春心。
>
> 魂兮归来，哀江南！
>
> ——[战国]屈原，《楚辞·招魂》

江边小径已被肆意生长的兰草遮覆，湛湛江水与岸边枫树擦肩而过。举目遥望这伤心的千里春色，魂灵快回到故国江南来吧！《楚辞》中最经典的情景交融之片段对山水的描写是为了寄托作者的哀伤与愁思，山水仍不是诗篇的重点。

人生不满百，戚戚少欢娱。
意欲奋六翮，排雾陵紫虚。
蝉蜕同松乔，翻迹登鼎湖。
翱翔九天上，骋辔远行游。
东观扶桑曜，西临弱水流。
北极登玄渚，南翔陟丹邱。

——[曹魏]曹植，《游仙诗》

汉末甚为流行的游仙诗中对于仙境的描写往往借用现世山水的面貌，显然，作品传达的是对仙境自由而美好生活的向往，山水依旧不是诗篇的重点。

六朝以前的诗歌虽然有对自然山水的描写，但其目的并不是要去展现真实的自然山水，换言之，山水并不是这些文学作品中的独立审美对象，山水诗顶峰的最终到来要等到晋宋之际的“开山者”——谢灵运。

《诗品》，南朝梁文学评论家钟嵘著，是我国现存最早的诗论专著，共品评了从汉代至南朝梁的122位诗人，将之分为上、中、下三品，其中上品11人，谢灵运便位列其间。

寓目辄书，内无乏思，外无遗物。

——[南朝梁]钟嵘，《诗品》

钟嵘评价谢灵运的诗作特点是“寓目辄书”，以当下的美好为表现对象，一触即发，即事而作，心中情感充盈，眼见皆可入诗。谢灵运的即事而作、寓目辄书表明诗人审美自觉的觉醒，诗人开始把山水自然当作一个独立自主的存在，审视之、审美之，并以肯定其自然美来进行自身情感的抒发和表达。

谢灵运以山水诗开刘宋一代之新诗风，在他的笔下，迤逦的山水风景终于真正成为诗歌的主题。南朝文人步趋其后掀起了山水文学的创作热潮，魏晋时期盛行的探讨老庄哲学的“玄言文学”让位于“山水文学”，所谓“庄老告退，而山水方兹”①。

南朝宋永初三年（422年），谢灵运被排挤出京任永嘉太守，在前往永嘉的途中绕道回故乡始宁，当仕途受挫、心内郁结的谢灵运将从前专注于京阙的目光投射到故乡的山水之中时，才正视了此间的山水之美，并进行了大量的以山水为主题的诗歌创作。

岩峭岭稠叠，洲萦渚连绵。

白云抱幽石，绿筱媚清涟。

① 引自[南朝梁]刘勰，《文心雕龙·明诗》。

> 葺宇临回江，筑观基曾巅。
>
> 挥手告乡曲，三载期归旋。
>
> ——[南朝宋]谢灵运，《过始宁墅》

在永嘉期间，谢灵运无心政事，遍游名山，寓目成咏，写下了大量的山水诗。

> 出为永嘉太守。郡有名山水，灵运素所爱好，出守既不得志，遂肆意游遨，遍历诸县，动逾旬朔，民间听讼，不复关怀。所至辄为诗咏，以致其意焉。
>
> ——[南朝梁]沈约，《宋书·谢灵运传》

在永嘉一年，谢灵运便回到了故乡始宁开始了他的第一次隐居，会稽始宁的山水更是激发了他游赏山水的热情，他寓目辄书，继续山水诗的创作，他的山水诗也名声大噪。

> 灵运父祖并葬始宁县，并有故宅及墅，遂移籍会稽，修营别业，傍山带江，尽幽居之美。与隐士王弘之、孔淳之等纵放为娱，有终焉之志。每有一诗至都邑，贵贱莫不竞写，宿昔之间，士庶皆遍，远近钦慕，名动京师。作《山居赋》并自注，以言其事。
>
> ——[南朝梁]沈约，《宋书·谢灵运传》

元嘉五年（428年），谢灵运在短暂的两年京中任职之后，再次回到故乡始宁隐居，继续着游山玩水与会友写文的生活。

> 灵运既东还，与族弟惠连、东海何长瑜、颍川荀雍、泰山羊璿之，以文章赏会，共为山泽之游，时人谓之四友。
>
> ——[南朝梁]沈约，《宋书·谢灵运传》

任职永嘉及两次隐居始宁故居时期是谢灵运一生中山水诗创作最为蓬勃的三个阶段，诗作不仅数量众多，而且清新自然。“名章迥句，处处间起；丽典新声，络绎奔会。”①

> 石浅水潺湲，日落山照曜。
>
> ——[南朝宋]谢灵运，《七里濑》
>
> 池塘生春草，园柳变鸣禽。
>
> ——[南朝宋]谢灵运，《登池上楼》
>
> 连鄣叠巘崿，青翠杳深沉。
>
> 晓霜枫叶丹，夕曛岚气阴。
>
> ——[南朝宋]谢灵运，《晚出西射堂》

从谢灵运所在的南朝宋时代开始，历代对谢灵运山水

① 引自[南朝梁]钟嵘，《诗品》。

诗的评价便非常之高。

谢五言如初发芙蓉，自然可爱。

——[唐]李延寿，《南史·颜延之传》

谢公才廓落，与世不相遇。

壮志郁不用，须有所泄处。

泄为山水诗，逸韵谐奇趣。

大必笼天海，细不遗草树。

——[唐]白居易，《读谢灵运诗》

学诗浑似学参禅，自古圆成有几联。

春草池塘一句子，惊天动地至今传。

——[北宋]吴可，《学诗·其三》

谢灵运山水诗的成就，离不开江南山水的滋养，首先要有美好的山水，才能有山水诗。会稽山水不仅激发了谢灵运的创作热情，成为山水诗的萌芽地；还在谢灵运寓目辄书的创作中，成为山水诗的物化范本。

山林皋壤，实文思之奥府。

——[南朝梁]刘勰，《文心雕龙·物色》

刘勰点明了山水是山水诗的源头，但是并非所有的山水都可以赋予文人创作的激情与灵感。山水必须有足够广博的空间尺度，有足够丰富的层次变化，有足够书写的自然要素，有足够莫测的雾霭云霞，才能为世人提供足够充分的创作素材。

“千岩竞秀，万壑争流，草木蒙笼其上，若云兴霞蔚”的江南山水完全符合上述所有要求。谢灵运的山水诗也基本创作于永嘉（今浙江温州）、会稽（今浙江绍兴）、吴郡（今江苏苏州）、豫章（今江西南昌）和临川（今江西临川）等江南山水佳郡。

山水诗自谢灵运寓目辄书而起兴，起自南朝，兴于江南。

（二）江山之助

山水的形象出现在画面之中非常之早，早期常作为人们表现神仙与人物的背景环境，从战国时期的砖瓦画到秦汉的墓壁画再到汉代的帛绘，山水元素虽频频现身，但从未成为重心，而是作为背景用于烘托画面或神或人的主旨。

陈传席先生认为：“真正的山水画，如前所云，乃正式萌芽于晋，由晋代而兴起的山水画，至刘宋而成。”①

> 夫言绘画者，竟求容势而已。且古人之作画也，非以案城域，辩方州，标镇阜，划浸流。本乎形者融灵而动变者，心也。灵亡所见，故所托不动。
>
> ——[南朝宋]王微，《叙画》

① 陈传席.中国山水画史[M].天津：天津人民美术出版社，2001.

王微（414—453年），南朝宋画家、诗人。琅玡王氏人，少好学，无不通览。善属文，能书画，兼解音律、医方、阴阳、术数，生性喜爱观研山水。《叙画》是他写给好友颜延之的一封回信，在给颜延之的这封回信中与之探讨山水画的创作与表现。陈传席先生认为王微的《叙画》标志着“山水画真正地完全地脱离了附庸地位，成为一门独立的艺术画科”，“是文人画的远祖”。

信中明确指出“竟求容势”这种只注重形似的绘画认知并不全面。他认为山水画并不是用来考察城廓疆域，通辨州郡位置，标表要塞山丘，划分沼河溪流的地图，山水画的本质是通过形神融合无间的自然山水来感动人心，从而生发情思。自然山水的灵趣，即自然山水的神是无所显现的，它需要依靠不动的山水之形来撼动人心。

如何把自然山水之形转化为可为感官把握的艺术形象呢？

> 望秋云，神飞扬；临春风，思浩荡。虽有金石之乐，珪璋之琛，岂能髣髴之哉！披图按牒，效异《山海》。绿林扬风，白水激涧。呜呼！岂独运诸指掌，亦以明神降之。此画之情也。
>
> ——[南朝宋]王微，《叙画》

山水画不能单靠熟练的绘画技法，如果只是单纯地追求形式，那它只是《山海经》中的图经地图而已。山水画作为一门能够独立出来的画科，作为一种艺术表现形式，必与山海图经的功能与视觉效果不同。要达成这种不同，则需“明神降之”，通过画家艺术的构思对山水原形进行艺术化的处理，才能创作出可以感动观者的山水画作品。

由是，山水画作为一门独立的画科出现在晋宋之际的江南，江南是山水画的始兴地，江南山水是山水画创作的现实范本。

王微给颜延之回信的400多年后，唐大中元年（847年），张彦远完成了中国第一部绘画通史著作《历代名画记》，阐述了隋唐之时南北方社会历史与自然条件的差异而导致的优势画种的不同。

> 其或生长南朝，不见北朝人物；习熟塞北，不识江南山川；游处江东，不知京洛之盛，此则非绘画之病也。故李嗣真评董、展云：“地处平原，阙江南之胜；迹参戎马，乏簪裾之仪，此是其所未习，非其所不至。”
>
> ——［唐］张彦远，《历代名画记》

北朝延续至唐代，北方的优势在于表现人伦礼教的人物画与描绘京洛之盛的台阁画；南朝延续至唐代，南方的优势自然是刻画江南山川之胜的山水画。可见自王微之后，南朝至唐数百年间江南地区的山水画技法与成就一直独领风骚，而北朝则几乎没有山水画家。南北朝后期，北朝的北齐、北周，以及统一了南北的隋代及之后唐代的知名画家基本都师从南朝的江南画家。

> 田僧亮、杨子华、杨契丹、郑法士、董伯仁、展子虔、孙尚子、阎立德、阎立本并祖述顾、陆、僧繇。
>
> ——[唐]张彦远，《历代名画记》

田僧亮、杨子华是北齐画家，杨契丹、郑法士、董伯仁、展子虔、孙尚子是隋代画家，阎立德、阎立本是唐代画家，他们都是各自时代的丹青圣手，而追溯其绘画师承，则“并祖述顾、陆、僧繇”，都传承自江南的顾恺之、陆探微与张僧繇。

这些绘画大家，或通过代代相承，或通过观摩顾、陆、张等人的传世画作学习，但是他们在山水画领域的成就，只有展子虔因《游春图》传世而为后世所肯定，其他人则多擅长人物、台阁或车马，而非山水。

展子虔的好友董伯仁，与展子虔并称董展，也是隋代的一位绘画大家。

> 综涉多端，尤精位置。屏障一种，无愧前贤。
>
> ——[唐]释彦悰，《后画录》
>
> 楼台、人物，旷绝今古。杂画巧瞻，高视孙、田。乃变化万殊，何止屏风一程？
>
> ——[唐]张彦远，《历代名画记》

董伯仁集各家所长，善于画面构图，屏风画可与先贤媲美，不论在台阁画还是人物画方面都堪称古往今来第一人，各种题材的画作都远在孙尚子与田僧亮之上。这样一位看起来已经是全才的画家，却有短板。

> 董与展皆天生纵任，亡所祖述，动笔形似，画外有情，足使先辈名流，动容变色。但地处平原，缺江山之助；迹参戎马，少簪裾之仪。此是所未习，非其所不至。
>
> ——[唐]张彦远，《历代名画记》

这段评价出自唐代李嗣真的《续画品录》，被张彦远摘录在《历代名画记》中。李嗣真认为董伯仁的短板便是山水画，而存在这个短板并不是因为他的绘画技艺不够娴熟，而是因为他生活在平原地区，并没有得到太多的江南山水的熏陶，缺少“江山之助”。

由此可见，山水画萌发自六朝之江南并不是一个时代的偶然，江南山水的“江山之助”也是不容忽视的一个因素。如果不是长期生活于江南山水之间，很难体味到山水之神韵，也自然无法将其艺术性地再现于画作之上。

> 石泉公王方庆观之而叹曰：“向使展、董二人与江东诸子易地而处，张侯已降，咸应病之。”鉴者以为知言。

——[唐]张彦远,《历代名画记》

王方庆，唐代武周时期宰相，东晋丞相王导十一世孙，曾封石泉县子。他品赏董伯仁的画作时感叹：如果让展子虔与董伯仁两人与江南的画家们异地而处，那么恐怕江南自张僧繇以下的所有人，都不再擅长山水画了。这个评判被认为是真知灼见。

显然，王方庆与李嗣真持同一观点，都认为董伯仁不精通山水画，且都认为这并不是董伯仁绘画能力的问题，而是没有“江山之助”。甚至王方庆更进一步，认为“江山之助”不仅对董伯仁如此，对江南的画家们亦如此，如果他们不是长期生活在江南，不是长期耳濡目染，接受江南山水的浸润，那么这些画家也不会擅画山水画。

诚然，山水画萌芽于六朝时的江南是当时的社会环境、经济结构、文化发展等多重因素共同作用下的结果，但是江南山水的“江山之助”也是不可忽视的一个环节。

(三)清旷之栖

江南山水不仅助力了山水诗和山水画的萌芽，还促进了私家山水园林的发展。

秦汉时期只有帝王及王侯级别的顶层统治者才有资格拥有苑囿，皇家苑囿规模宏大，可供畋猎、练兵、校阅以及宴饮。也会有一些贵戚或富商僭越行事，营建私人苑囿，这些苑囿的情趣审美与空间审美与皇家苑囿如出一辙——追求奢华与恢弘。如东汉权倾朝野的外戚梁冀的苑囿与皇家园林几无二致。

> 多拓林苑，禁同王家，西至弘农，东界荥阳，南极鲁阳，北达河、淇，包含山薮，远带丘荒，周旋封域，殆将千里。又起菟苑于河南城西，经亘数十里，发属县卒徒，缮修楼观，数年乃成。
>
> ——[南朝宋]范晔，《后汉书·梁冀传》

东汉末年王权衰弱之后，地方豪强大肆兼并土地，经济实力雄厚的士族开始畅想在庄园内、在山水间寄托身心。

> 使居有良田广宅，背山临流，沟池环匝，竹木周布，场圃筑前，果园树后……蹰躇畦苑，游戏平林，濯清水，追凉风，钓游鲤，弋高鸿。
>
> ——[南朝宋]范晔，《后汉书·仲长统传》

仲长统对于山水间生活的畅想显然已经有别于秦汉时期皇家苑囿内的生活情趣，皇家苑囿旨在提供骄奢淫逸的物质享受，士族庄园则是追求闲适惬意的精神享受。仲长统的理想真正付诸实施是在六朝时期。

六朝时期除西晋有过短暂的50余年的统一之外，基本上处于南北分裂状态。

北朝在各族入侵和混战的社会背景下形成了一种特殊的生活方式——聚族而居并结成坞堡。坞堡由强宗豪族建立，保护堡内族人的安全，但坞堡的势力范围也使人们的活动受到局限。林立的坞堡之外的交通极端不安全，商业和交游基本陷入停顿。[①]这种社会环境下，优游于山水之间更是奢望。

仲长统的理想园居生活在六朝时的北方很难实现，江南却可以。

江南作为南朝的京畿，是当时半壁江山的政治、经济与文化中心，也是世家大族最为集中的地区，世家在南朝"优借士族"的政策下即使不用做官也能享受到极端优渥的物质生活，加之江南山水本底条件的优越，山水间的闲适游赏便蔚然成风。

（孙绰）居于会稽，游放山水，十有余年，乃作《遂初赋》以致其意。

——［唐］房玄龄等，《晋书·孙绰传》

羲之既去官，与东土人士尽山水之游，弋钓为娱。

——［唐］房玄龄等，《晋书·王羲之传》

（陶弘景）遍历名山，寻访仙药。身既轻捷，性爱山水，每经涧浴，必坐卧其间，吟咏盘桓，不能已已。

——［唐］李延寿，《南史·陶弘景传》

---

① 曹道衡.南朝文学与北朝文学研究[M].北京：商务印书馆，2017.

江南士族对于山水自然的热衷，甚至影响到了皇室对于苑囿的态度。东晋简文帝在皇家华林园内游赏时对随从说："会心处不必在远，翳然林水，便自有濠、濮间想也。觉鸟兽禽鱼，自来亲人。"[1] 南朝梁武帝时，昭明太子萧统素来喜爱山水美景，他常与朝中雅士在玄圃园的山水间赏玩。某次后池泛舟时番禺侯萧轨极力主张安排些女子奏乐歌唱。萧统听后并未正面回答，而是吟诵了西晋左思的《招隐诗》："非必丝与竹，山水有清音。"

可见不论是对皇家还是对士人，南朝的山水园林都可让他们或暂时或长久地远离尘世烦扰，享受山水自然之美。在这样的社会风气之下，天然山水园林的建设热潮应运而起。

（谢安）又于土山营墅，楼馆林竹甚盛，每携中外子侄往来游集。

——[唐]房玄龄等，《晋书·谢安传》

（许询）策杖披裘，隐于永兴西山。凭树构堂，萧然自致。

——[唐]许嵩，《建康实录·卷八》

晋护军将军彪，昔莅此邦，卜居山阴都阳里……左江右湖，面山背壑，东西连跨，南北纡萦……寝处风云，凭栖水月。

——[唐]姚思廉，《陈书·江总传》

① 引自[南朝宋]刘义庆，《世说新语·言语》。

> 其居也，左湖右江，往渚还汀。面山背阜，东阻西倾。抱含吸吐，款跨纡萦。绵联邪亘，侧直齐平。
>
> ——[南朝宋]谢灵运，《山居赋并序、注》

当宅居之地并没有天然山水可供赏玩时，便人工堆山叠石，开渠引水，营造一个“仿佛丘中”的园林来，这便是人工山水园。

> 吴下士人共为筑室，聚石引水，植林开涧，少时繁密，有若自然。
>
> ——[南朝梁]沈约，《宋书·戴颙》
>
> （刘）勔经始钟岭之南，以为棲息，聚石蓄水，仿佛丘中，朝士爱素者，多往游之。
>
> ——[南朝梁]沈约，《宋书·刘勔传》
>
> （庾诜）特爱林泉，十亩之宅，山池居半。
>
> ——[唐]李延寿，《南史·庾诜传》
>
> （裴之平）乃筑山穿池，植以卉木，居处其中，有终焉志。
>
> ——[唐]姚思廉，《陈书·裴忌传》

六朝时对于山水园林的情趣审美也发生了变化，不再追求中原园林的堂皇奢靡，而是转向“去饰取素”。六朝时中原地区最为知名的私家山水园首推石崇的金谷园。石崇（249—300年），字季伦，西晋时大臣、文学家，他在河南县（今河南洛阳）金谷涧中营建了名噪一时的金谷园，时常在此饮宴乐舞。

> 昼夜游宴，屡迁其坐，或登高临下，或列坐水滨。时琴、瑟、笙、筑，合载车中，道路并作；及住，令与鼓吹递奏。遂各赋诗以叙中怀，或不能者，罚酒三斗。
>
> ——[西晋]石崇，《金谷诗序》

金谷园内充斥着管乐、姬女与美酒，热闹喧嚣，洋溢着一派纸醉金迷的“红尘”气息，宴饮虽然举办于山水园林之中，但其本质是享受奢靡的生活，而不是体验山水之美。谢灵运曾将金谷园与始宁墅进行对比：

> 金谷之丽，石子致音徽之观。徒形域之荟蔚，惜事异于栖盘。
>
> ——[南朝宋]谢灵运，《山居赋并序、注》

中原的金谷庄园将舒适奢靡的红尘生活带入山水之中，是为了使人更尽情地放逸享乐；江南的始宁墅则隔离纷扰的世俗生活，使人全身心地沉浸于山水之中，体会山水纯粹之美。

> 既非京都宫观游猎声色之盛，而叙山野草木水石

谷稼之事……览者废张、左之艳辞，寻台、皓之深意，去饰取素，傥值其心耳。

——[南朝宋]谢灵运，《山居赋并序、注》

“去饰取素”的情趣审美在六朝后期开始影响北方，改变了中原地区一以贯之的对富丽堂皇的追求。王维在长安南郊惘川所建的惘川别业是一座天然山水园林，其间已经看不到一丝对华丽与辉煌的追求，取而代之的是仿若自然的平淡与天真。

空山不见人，但闻人语响。

返景入深林，复照青苔上。

——[唐]王维，《鹿柴》

木末芙蓉花，山中发红萼。

涧户寂无人，纷纷开且落。

——[唐]王维，《辛夷坞》

独坐幽篁里，弹琴复长啸。

深林人不知，明月来相照。

——[唐]王维，《竹里馆》

江南地区低山浅丘的地理特征赋予山水景观柔缓而绵延不绝的特质，不是突然之间拔地而起的恢弘气势，而是自然而然渐入佳境的奇奥韵味。流淌的水，曲曲弯弯；两岸的山，层层叠叠，顺着溪水一路游览，渐走渐深渐远。这是一种向内挖掘深度的空间意象，并不追求空间的“大”，而是追求空间的“深”，即使空间尺度不大，也可以借由奇奥的层次与深度使人回味悠长。

江南山水辗转幽奇的空间特质对山水园林的空间审美产生了巨大的影响，六朝私家园林开始不再追求宏大张扬，而是转向奇奥内敛。南朝梁徐勉便有一小小山园，园虽小却丝毫不影响园主乐在其中。

“随便架立，不在广大，惟功德处，小以为好”，经营多年后，“粗已成立，桃李茂密，桐竹成阴，塍陌交通，渠畎相属”，在园中可以“临池观鱼，披林听鸟，浊酒一杯，弹琴一曲”。[①]

南朝梁庾信奉命使北时梁帝遇害，从此羁留北朝，先后仕于西魏、北周，但念念不忘南朝故土，在北朝的宅园依然延续了江南内敛化的空间审美，取“壶中”意象将其宅园名为“小园”。

> 若夫一枝之上，巢夫得安巢之所；一壶之中，壶公有容身之地……犹得敧侧八九丈，纵横数十步，榆柳三两行，梨桃百余树。
>
> ——[南朝梁]庾信，《小园赋》

唐代山水园直接传承了江南“壶中天地”空间审美。

① 引自[南朝梁]徐勉，《为书诫子崧》。

庾信园殊小，陶潜屋不丰。

何劳问宽窄，宽窄在心中。

——[唐]白居易，《小宅》

竹药闭深院，琴尊开小轩。

谁知市南地，转作壶中天。

——[唐]白居易，《酬吴七见寄》

树暗壶中月，花香洞里天。

何如谢康乐，海峤独题篇。

——[唐]许浑，《奉和卢大夫新立假山》

明清时期江南私家园林更是在有限的范围内将空间的辗转幽奇发挥到了极致，将“壶中天地”升格为极致的“芥子空间”。芥子典故出自佛经《维摩经所说经·不思议品》：“以须弥之高广，内芥子中，无所增减。”一粒微小的菜籽可容下巨大的神山须弥，原喻佛法无边，后喻人之修养应如芥子纳须弥一般，突破大与小的局限，收放自如，随需而化。

突破大与小的局限，在有限的空间内创造出无限的空间深度与美感，正是明清江南私家园林最为擅长与得意之处。

罢拥千帆截海涛，溪头耐可弄鱼舠。

那轻芥子无多地，不论须弥万仞高。

——[明]王世贞，《汪中丞戚都督道服访余小祇园即事·其四》

吾闻小中可见大，莫看须弥芥子外。

小作盆池儿戏情，累石为峦青一带。

幽花细树缀其间，五岳三湘适意会。

群鱼吹波争出没，髣髴龙蛟云气霭。

水面落叶荡微风，如驶舟航飞急濑。

一卷一勺妙理存，黄筌知微不能绘。

予也蓄志名山川，几思遍历搜奇最。

自知有待而未能，于此神游入三昧。

——[明]方起龙，《庭有盆池漫砌小山与水光相映閒际静观辄有悠然之想戏作歌》

江南高超的造园手法催生了我国第一本园林艺术专著——《园冶》，其由明末造园家计成著，论述了宅园营建的原理和手法，总结了古典园林的造园经验。书中认为片山斗室自有丘壑，同时提出造园的最高境界为“虽由人作，宛自天开”。

梧阴匝地，槐荫当庭；插柳沿堤，栽梅绕屋；结茅竹里，浚一派之长源；障锦山屏，列千寻之耸翠，虽由人作，宛自天开。

——[明]计成，《园冶·园说》

片山多致，寸石生情；窗虚蕉影玲珑，岩曲松根盘礴。足征市隐，犹胜巢居，能为闹处寻幽，胡舍近方图远；得闲即诣，随兴携游。

——[明]计成，《园冶·相地》

纵观中国古典山水园林的情趣审美与空间审美，秦汉时期追求“堂皇奢靡”“象天法地”，唐后期“平淡天真”与“壶中天地”却成为山水园林的构建原则，明清则发展出极致的“宛自天开”和“芥子空间”。中国古典山水园林走过了一个从“外张堂皇”转为“内敛天真”的历程，其转折点正是六朝，地点就在江南。江南山水自身辗转幽奇的空间之美对这个转折产生了不可忽视的影响，江南山水也成为中国古典山水园林的仿写范本与精神指向。

后记

我人生的前18年都生长在东北的一座小城——阜新，它处于内蒙古高原和辽河平原的农牧交织带上。那里属于过东胡、匈奴、乌桓、鲜卑、契丹，也曾经是新中国的煤电之城，拥有过中国最大的露天矿和火力发电厂。我的童年和少年便是在春天的沙尘、夏天的草场、秋天的麦田和冬天的冰雪中度过的。

山与水给18岁前的我最深的印象是城外无边草场尽头隐隐横亘的山脉和城里一条水量常年不大，但是河床很宽的河流。

1998年，18岁的我考入浙江大学建筑系，8月底由父母陪伴第一次来到了江南，来到了杭州。

首次强烈感受到南北文化的差异是在西湖边的仁和饭店就餐，一道摆盘十分精美的正菜上来时，因为菜量与北方相比差异过大，以至于我以为这是附送的餐前小菜。那时北方的家常馆子里几乎是不摆盘的，也没有摆盘的空间，因为盘子盛着满满当当的冒尖的菜。

豪放与婉约，粗犷与精致，南北方文化的差异第一次如此强烈地冲击了我。

哭着告别了回转东北的父母后，我便在杭州读书、攻硕、教书、攻博，转眼在杭州已经生活了20余年，超过了在故乡生活的时间。

其间，曾在春节时陪同一位在杭州长大的朋友去往东北，过了山海关后，我问这位朋友是否感受到了杭州与东北的不同。

他说："东北没山没河。"

我震惊地指着车窗外不远处的山脉问："河少我承认了，但那是什么？！"

他说："没有被绿色的植被覆盖的山不能叫山。"

我不可思议："那叫什么？！"

他犹疑半晌后非常肯定地答："反正不是山！"

当时我想，可能这就是北方山水与江南山水给予普通人的最直观的印象差异吧。

而今回顾，数年来探索江南山水空间的历史与内涵时，我经常会不自觉地将江南山水与北方山水进行对比，也许正是源于自己18岁前后生活环境的截然不同，这种不同既能让我以外来者的身份去感性地体会江南山水之于视觉观感上的魅力，又能让我以本地人的身份去理性地分析江南山水的空间特质和文化底蕴。

也许这就是一个北方人研究江南山水的一点点优势吧！

最后，感谢我的家人（北方的父母和南方的先生）、我的导师沈杰教授。

感谢本书的编辑焦扬老师。

感谢浙江树人学院对本书出版的资助。

张蕾

2024年6月于西子湖畔